Shabana Shams
Sohail Ahmad
Irfan Zia Qureshi

Efeito das folhas e caules de Coriandrum sativum L. na reprodução masculina

Shabana Shams
Sohail Ahmad
Irfan Zia Qureshi

Efeito das folhas e caules de Coriandrum sativum L. na reprodução masculina

ScienciaScripts

Cover image: www.ingimage.com

This book is a translation from the original published under ISBN 978-3-659-82515-6.

Publisher:
Sciencia Scripts
is a trademark of
Dodo Books Indian Ocean Ltd. and OmniScriptum S.R.L publishing group

120 High Road, East Finchley, London, N2 9ED, United Kingdom
Str. Armeneasca 28/1, office 1, Chisinau MD-2012, Republic of Moldova, Europe
Printed at: see last page
ISBN: 978-620-8-13404-4

Efeito do extrato etanólico das folhas e caules de *Coriandrum sativum L.* nos órgãos reprodutores de ratos albinos machos.

BY
SHABANA SHAMS
SOHAIL AHMAD
DR. IRFAN ZIA QURESHI

Dedicado
Para
Os meus pais sempre amorosos
e o meu querido
avô.

AGRADECIMENTOS

*Louvado seja **ALLAH**, o Criador e Sustentador dos mundos, que nos concedeu as Suas inúmeras bênçãos. O Todo-Poderoso **ALLAH** permitiu-me compilar os meus humildes esforços na forma desta tese. Todo o respeito vai para o **Santo Profeta Hazrat Mohammad (PBUH)** cujos ensinamentos fortaleceram a nossa fé em **ALLAH**, que é a fonte de conhecimento e sabedoria para toda a humanidade, que esclareceu que a busca do conhecimento é um mandamento divino.*

*Gostaria de estender a minha sincera gratidão a todas as pessoas que tornaram esta tese possível. Os meus agradecimentos especiais vão para **Fareeha Ambreen, Naureen, Raazia e Ayesha** pela ajuda na minha investigação e também pela orientação e sugestões úteis durante o meu trabalho de investigação.*

*Devo a minha mais profunda gratidão aos meus amigos, especialmente a **Shaheen, Mehwish Abbasi e Uzma Inam Saima yousaf**, pelas suas recomendações relativamente ao meu trabalho e pelo seu apoio moral e encorajamento. Estou muito grato aos meus pais **(Baabajaan** e **Ammajaan)**, em especial a todo o meu mundo, à minha **mãe**, aos meus irmãos (**Mehwish shams Zahid** e **Umer**) e, em especial, ao meu **avô** (**Shireen khan**) e aos **meus tios (Khwahish ur rehman, Usman e Imran)** pelas suas orações intermináveis, pelo seu amor incomparável e pelos seus cuidados. As palavras tornam-se insignificantes quando tenho de agradecer aos meus pais e à minha família; as suas orações deram-me força e esperança para realizar esta tarefa e perseguir os meus objectivos.*

Por último, apresento os meus cumprimentos e as minhas bênçãos a todos os que me apoiaram de alguma forma durante a realização desta tese.

Com amor

SHABANA SHAMS

SOHAIL AHMAD

DR. IRFAN ZIA QURESHI

ÍNDICE DE CONTEÚDOS

Resumo

Os coentros (*Coriandrum sativum* L.) pertencem à família das Apiceae e ao género Coriandrum L. Os coentros são originários da região mediterrânica e são amplamente cultivados na Rússia, Europa Central, Norte de África e Ásia. O seu nome comum na Índia é "Dhanya" e é utilizado como uma importante planta medicinal ayurvédica. As folhas jovens da planta são utilizadas para fazer molhos e chutneys. Os coentros, que são ervas pequenas, são considerados plantas medicinais devido às suas propriedades anti-hiperglicémicas, anti-hiperlipidémicas, antiproliferativas, hipotensivas e estimulantes da digestão. O presente estudo foi realizado com o objetivo de investigar o efeito do extrato etanólico de *Coriandrum sativum L.* nos órgãos reprodutores masculinos, utilizando o rato como modelo, através de uma série de experiências.

O extrato etanólico das folhas e caules de *Coriandrum sativum L.* foi administrado por via oral a uma dose de 2000 mg/kg e 4000 mg/kg durante os tratamentos agudo e subagudo. O grupo de controlo foi mantido com água destilada. Foram utilizados quarenta e dois ratos machos. Cada grupo era constituído por sete ratos. Após a conclusão das experiências, foram colhidos sangue e órgãos reprodutores (epidídimo, vesícula seminal e próstata). Para determinar (i) a testosterona sérica (ng/ml) (ii) a contagem de espermatozóides no epidídimo (10^6 /ml) (iii) o estado das enzimas antioxidantes (SOD, CAT, POD e GSH), (unidade/minuto), a produção de espécies reactivas de oxigénio ROS (absorvância) e a atividade TBARS (absorvância) nos testículos (iv) foram avaliados os oligoelementos no sangue, nos testículos e nos órgãos reprodutores acessórios masculinos. (v) E para detetar as alterações histomorfológicas no tecido testicular e nos órgãos reprodutores acessórios masculinos. Para a análise estatística, foi utilizada a ANOVA de uma via. $P<0,05$ foi considerado significativo.

A administração aguda de uma dose baixa (2000 mg/kg) de *Coriandrum sativum L.* levou a uma diminuição significativa da contagem de espermatozóides (**$p<0,001$) no epidídimo; aumento significativo de ROS (**$p<0,001$) e CAT (*$p<0,05$) nos testículos. A dose elevada (4000 mg/kg) mostrou uma diminuição significativa do nível sérico de testosterona (*$p<0,05$), da contagem de espermatozóides no epidídimo e da POD (*$p<0,05$) nos testículos. Foram observadas alterações histopatológicas nos testículos e nos órgãos reprodutores acessórios masculinos nos grupos tratados de forma aguda.

A administração aguda de baixa dose (2000 mg/kg) de extrato de *Coriandrum sativum L.* provocou um aumento significativo da concentração de Cu (µg/g) nos testículos (*$p<0,05$), epidídimo (**$p<0,001$), Ni (µgZg) nos testículos e epidídimo (*$p<0.05$), Ca (µg/g) no sangue, testículo, epidídimo, vesícula seminal (*$p<0,05$) e próstata (**$p<0,001$), K (µg/g) no sangue, testículo, epidídimo, vesículas seminais e próstata (*$p<0,05$), Na (µg/g) no sangue (*$p<0,05$). Considerando que, a administração da mesma dose mostrou uma diminuição significativa das concentrações de Zn (μg/g) e Mg (μg/g) nos testículos (*p<0,05). A dose alta (4000mg/kg) mostrou aumento significativo da concentração de Ni (μg^) na próstata (*p<0,05), concentração de Ca (μg/g) nos testículos (*p>0,05), K (μg/g) no epidídimo, vesícula seminal e próstata (*p<0,05). Considerando que, a administração da mesma dose mostrou diminuição significativa de Cu (μg/g) e Mn (μg/g) na próstata (*p<0,05), Ni (μg/g) na vesícula seminal (*p<0,05), Mg (μg/g) no sangue (**p<0.001), testículo, epidídimo, vesícula seminal e próstata (*p<0,05), Na (μg/g) na vesícula seminal e próstata (*p<0,05), Cr (μg/g) no testículo (*p<0,05) e nas glândulas acessórias masculinas (**p<0,001).

A administração subaguda de uma dose baixa (2000 mg/kg) de *Coriandrum sativum* L. levou a uma diminuição significativa da concentração de testosterona no soro (*p<0,05), da contagem de espermatozóides (**p<0,001) no epidídimo; e a uma diminuição significativa de GSH (**p<0,001) no testículo e a um aumento significativo de ROS (*p<0,05) no testículo. A dose elevada (4000 mg/kg) mostrou uma diminuição significativa do nível sérico de testosterona (*p<0,05) e da contagem de espermatozóides (**p<0,001) no epidídimo. Nos grupos de tratamento subagudo também foram observadas alterações histomorfológicas nos órgãos reprodutores masculinos.

A administração subaguda de baixa dose (2000 mg/kg) do extrato de *Coriandrum sativum* L. provocou um aumento significativo da concentração de Cu (μg/g) no epidídimo e na próstata (*p<0,05), das concentrações de Fe e Na (μg/g) nos testículos e epidídimo (**p<0,001), de Mn (μg/g) no epidídimo (*p<0.05), Zn (μg/g) no testículo (**p<0.001) e epidídimo (*p<0.05), Mg no epidídimo (**p<0.001), Ca (μg/g) no testículo e epidídimo (*p<0.05), K (μg/g) no epidídimo (*p<0,05) e vesícula seminal (**p<0,001), Na (μg/g) na vesícula seminal (*p<0,05), Cr (μg/g) na próstata (*p<0,05). Considerando que, a administração da mesma dose mostrou diminuição significativa das concentrações de Cu, Ni e Cr (μg/g) no sangue (**p<0,001), Mn (μg/g) na próstata (**p<0,001). A dose alta (4000 mg/kg) mostrou um aumento significativo de Fe (μg/g) no testículo e epidídimo (*p<0,05), Mg na vesícula seminal (*p<0,05), K no epidídimo (*p<0,05) e vesícula seminal (**p<0,001), Na (μg/g) no epidídimo (**p<0,001). Considerando que, a administração da mesma dose mostrou diminuição significativa das concentrações de Cu e Ni (μg/g) no sangue (**p<0.001), concentrações de Mn e Ca (μg/g) na próstata (**p<0,001), Zn (μg/g) na vesícula seminal (*p<0,05) e Cr (μg/g) no sangue (**p<0,001) e testículo (*p<0,05).

O presente estudo conclui que a utilização excessiva de coentros pode ter um efeito inibidor na reprodução, sugerindo que a utilização a longo prazo de coentros pode exercer efeitos antifertilidade. No entanto, o mecanismo detalhado ainda não é conhecido; é necessária mais investigação para descobrir o mecanismo exato ou a infertilidade causada pelos coentros. Este efeito inibidor dos coentros indica que pode ser utilizado como agente contracetivo, para inibir temporariamente a atividade reprodutiva. No futuro, são necessários mais estudos para compreender o papel dos coentros no eixo hipotálamo-hipófise-testicular em ratos machos.

Capítulo 1
INTRODUÇÃO

Os coentros (*Coriandrum sativum L.*), uma erva anual, pertencente à família Apiaceae (Umbelliferae), são cultivados principalmente a partir das suas sementes durante todo o ano (Mhemdi et al., 2011). Os coentros, sendo uma planta herbácea, originária das regiões do Mediterrâneo e do Médio Oriente, são bem conhecidos pelas suas propriedades medicinais. O cultivo de coentros é praticado há muito tempo no sul da Europa, no Cáucaso, na região mediterrânica e na Ásia Menor. Recentemente, a produção comercial de coentros é observada na Polónia, no Canadá, no Paquistão, na Índia, na Hungria, na Roménia, no Irão, no México, na Turquia, na Argentina e em Marrocos (Kiehn e Reimer, 1992; Agri-facts, 1998). O nome comum dos coentros na Índia é "Dhanya" e é utilizado como uma importante planta medicinal ayurvédica (Dhankar et al., 2011). A semente de coentros é uma parte vital do caril em pó e é utilizada em diferentes pratos para dar sabor. As folhas da planta juvenil são utilizadas no fabrico de chutneys e molhos. Sendo uma erva fresca, as suas folhas verdes são utilizadas em saladas e para efeitos de aroma em diferentes pratos da culinária asiática (Norman, 1990; Kamat et al., 2003).

Estas plantas são amplamente utilizadas como medicamentos em todo o mundo, possuindo compostos bioactivos naturais que actuam como metabolitos secundários. As folhas e as sementes destas plantas são principalmente ricas em antioxidantes, mas as folhas têm um efeito comparativamente mais forte (Wangensteen et al., 2004). As folhas dos coentros têm sido utilizadas para o tratamento do desconforto abdominal. Estas folhas têm um efeito antiespasmódico, dispéptico e apetecível. Outros benefícios incluem a ingestão e a aplicação externa das folhas para o tratamento da tosse, problemas urinários, dores no peito e como afrodisíaco (Bruneton, 1995).

No Paquistão, nas regiões do norte como Gilgit, esta planta é utilizada medicinalmente para tratar a diarreia, tosse, flatulência, problemas de estômago, vómitos de iterícia e disenteria (Khan e Khatoon, 2008). Também é utilizada como diurético, refrigerante, analgésico e tónico em todo o país (Chaudry e Tariq, 2006).

A Organização Mundial de Saúde (OMS) estimou que quase 80% da população do mundo em desenvolvimento está a utilizar a medicina tradicional para os cuidados de saúde iniciais (Bannerman, 1982). Por outro lado, existe um mal-entendido comum de que os medicamentos à base de plantas não causam efeitos tóxicos (OMS, 2004). Os efeitos nocivos das ervas têm sido indicados como reacções alérgicas, hepatotoxicidade, toxicidade cardíaca, neurotoxicidade e até morte

(Saad et al., 2006; Horowitz et al., 1996; Gaibazzietal., 2002);
Moritz et al., 2005; Ernst, 2003; Benjaminet al., 2001; Jensene Allen, 1981)

Fig. 1.1 Planta de *Coriandrum sativum L.*

1.1 Taxonomia dos coentros sativum:

Foram realizados estudos intra-específicos sobre a variação em C. sativum, principalmente com base nas caraterísticas morfológicas em combinação com uma pequena quantidade de caraterísticas químicas. Purseglove et al. (1981) classificaram dois tipos de C. sativum: vulgare e microcarpum; com base no tamanho dos seus frutos: frutos grandes (var. sativum) e frutos pequenos (var. microcarpum). A sua planta de frutos grandes que cresce em zonas tropicais e subtropicais tem dois géneros: C. sativum L. e C. tordylium (tipo selvagem). Em 2003, após um novo estudo que analisou vários parâmetros da planta, o C.sativum foi dividido em três subespécies: sativum, microcarpum DC e indicum (Diederichsen e Hammer, 2003). Relativamente às variedades botânicas de coentros, foram descritas pela primeira vez nove variedades de coentros por Ivanova e Stoletova, por exemplo: afghanicumStolet., sativum, africanumStolet., anatolicumStolet., indicumStolet. VaviloviiStolet., pygmaeumStolet. e arabicumStolet (Diederichsen e Hammer, 2003). A composição do seu óleo essencial pode ser influenciada pela diversidade de tipos e outros parâmetros dos coentros (Telci et al., 2006b). Por exemplo, foi ilustrado que a var. microcarpum DC. produz quase duas vezes mais óleo essencial do que a var. vulgare e inclui mais monoterpenos oxigenados e ingredientes excessivos de linalol mutuamente com um pequeno conteúdo de monoterpenos (Telci et al., 2006b).

1.2 Descrição botânica

O Coriandrum sativum L. pertence à família das Umbelíferas

1.2.1 Classificação:

Reino Plantae- Plantas

Sub-reino Tracheobionta- Plantas vasculares

Superdivisão Spermatophyta - Plantas com sementes

Divisão Magnoliophyta - Plantas com flores

Classe Magnoliopsida- Dicotiledóneas

Subclasse Rosidae

Ordem Apiales

Família Apiaceae - Família das cenouras

Género *Coriandrum* L. - coentros

Espécie *Coriandrum sativum* L.- coentros

1.3 Morfologia

A descrição botânica pormenorizada desta planta foi apresentada por Purseglove et al. (1981). Os coentros têm dois tipos morfológicos diferentes: um que é vertical e alto, com um rebento principal relativamente mais forte e ramos mais curtos; o outro tipo, que é desgrenhado, tem um rebento principal comparativamente mais fraco e ramos mais longos e espalhados. Dependendo da variedade, a altura da planta varia normalmente entre 30 e 100 cm. A cultura começa a florescer 45 a 60 dias após a implantação e amadurece 65 a 120 dias. O ramo e o rebento principal terminam normalmente numa umbela composta com 3 a 10 umbelas, cada umbela com 10 a 50 flores pentâmeras. As suas flores são pequenas, protoandras e difíceis de manejar para uma polinização controlada. Os coentros são uma cultura de polinização cruzada, tal como outras plantas umbelíferas. A escala de polinização cruzada foi observada entre 50% e 60% por Ramanujam et al. (1964) e Dimri et al. (1977), respetivamente.

1.4 Origem e distribuição/habitat

Os coentros são amplamente cultivados nas regiões tropicais. A Índia ocupa a primeira posição no seu cultivo e produção. Para além desta região, os coentros também são cultivados na Turquia, México, Paquistão, França, Itália, Espanha, Países Baixos, Argentina e, em certa medida, nos EUA e no Reino Unido (Peter et al., 2006).

1.5 Perspetiva histórica

A utilização dos coentros foi encontrada na literatura sânscrita quase em 5000 a.C., e já em 1550 a.C. no papiro grego Eber (Uhl, 2000). Foi utilizado em tempos por Hipócrates na medicina tradicional grega (ca. 460-377 a.C.). Foram encontradas sementes de coentros no antigo túmulo egípcio de Ramsés II. Esta erva é designada pelos egípcios como a "especiaria da felicidade", muito provavelmente porque se acreditava que era afrodisíaca. Era utilizada na culinária e para a diarreia e perturbações digestivas das crianças. Os gregos e os romanos utilizavam os coentros como medicamento e como aromatizante do vinho (Grieve, 1971). Devido à sua utilização excessiva e ao aumento da procura em Roma, foi importado até para locais distantes como o Egito. Consequentemente, também foi introduzido na Grã-Bretanha (Livardaand van der Veen, 2008). Os coentros também são úteis no parto, tendo sido citados em demonstrações manuscritas (do início do século XIII) sobre obstetrícia medieval (Reus, 1996). Assim, o uso de sementes secas de coentros tem sido utilizado há cerca de 7000 anos (Kipleand e Ornelas, 2000). Desde 1900, o seu óleo tem sido utilizado em alimentos como ingrediente de fragrância (Opdyke, 1973).

1.6 Constituintes químicos de *Coriandrum sativum L.*

Os principais constituintes dos coentros crus são o linalol (72,7%), o l-terpineno (8,8%), o limoneno (2,3%), o a-pineno (5,5%), o p-cimeno (1,5%), a cânfora (3,7%) e o acetato de geranilo (1,9%) (Mageed et al., 2012). A composição do óleo varia consoante a qualidade da semente. Uma quantidade desigual de hidratos de carbono, fibras, minerais, proteínas, vitaminas e gorduras está presente nas especiarias das suas sementes. Os constituintes das folhas verdes dos coentros são: humidade 87,9%, proteína 3,3%, gordura 0,6%, hidratos de carbono 6,5% e matéria mineral 1,7%. As suas sementes amarelas acastanhadas maduras e secas têm 1,3% de proteínas, 6,3 a 8,0% de humidade, 19,6% de óleo não volátil, 0,3-1,7% de óleo volátil, 5,3% de matéria mineral, 24,0% de hidratos de carbono, 31,5% de extrato etéreo e 175 UI de vitamina A por 100 g. O odor mais agradável e doce das sementes após o amadurecimento deve-se principalmente ao aumento da matéria de linalol. O óleo volátil dá um odor e um sabor aromático ao fruto do coentro. O teor de óleo das sementes varia muito consoante a sua origem geográfica. Os coentros noruegueses contêm um elevado teor de óleos voláteis (1,4 a 1,7%), seguindo-se os coentros búlgaros (0,1 a 0,5%). As sementes indianas contêm um baixo teor de óleo volátil (0,1 a 0,4%) (Agrawal e Sharma, 1990). O óleo essencial é composto principalmente por linalol (67,7%), seguido por pineno (10,5%), terpineno (9,0%), acetato de geranilo (4,0%), cânfora (3,0%) e geraniol (1,9%). Componentes insignificantes do óleo são pineno, mirceno, canfeno, p-cimol, dipenteno, limoneno, bomeol□-terpineno, ésteres de ácido acético e n- decilaldeído (Peter et al., 2006).

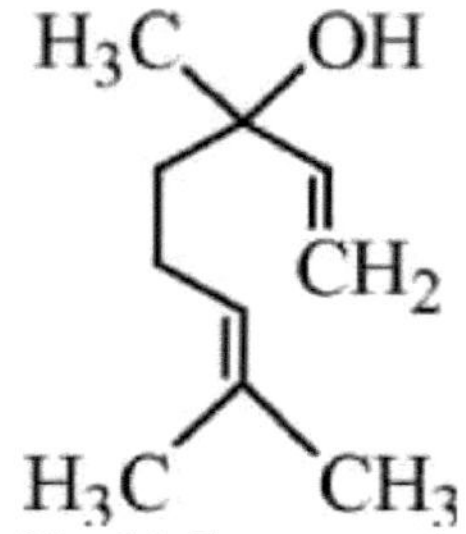

Fig. 1.2 Estrutura química do linalol: um dos principais constituintes dos coentros (Burdock e Carabin, 2009).

1.7 Composição química das partes aéreas (folhas e caule)

As folhas verdes imaturas de C. sativum são amplamente utilizadas como ervas frescas, em chutneys, molhos e para guarnição. A sua folhagem verde contém proteínas, vitaminas e minerais (por exemplo, cálcio, ferro e fósforo), hidratos de carbono e fibras (Kalemba e Kunicka, 2003). Outros compostos observados nas folhas incluem: flavonóides, óleo essencial, polifenóis e ácidos fenólicos (Ceska et al.,1988; Matasyoh et al., 2009; Nambiar et al., 2010).O óleo essencial das folhas de C. sativum (CLEO) contém 44 compostos maioritariamente de ácidos aromáticos contendo ácido E-11-tetradecenóico (13,4%), ácido 2-decenóico (30,8%), álcool dodecílico (6.4%), ácido tridecanóico (5,5%), g- terpineno (14,4%), ácido undecanóico (7,1%), linalol (37,7%), ácido cáprico (12,7%) e acetato de geranilo (17,6%), que são os seus principais constituintes (Bhuiyan et al.,2009).

Os extractos aquoso e metanólico da folha e do caule dos coentros foram avaliados quanto ao conteúdo fenólico total (TPC), expresso como equivalente de ácido cafeico (Wong e Kitts, 2006), e mostraram que contêm 110, 63,2 e 89,3, 51,6 mg/100 g de TPC, respetivamente. O óleo essencial das folhas contém 2E- decenal (15,9%) (C), decanal (14,3%) (F), 2E-decen-1-ol (14,2%) e n-decanol (13,6%). Outros compostos incluem, 2E- dodecenal, 2Etridecen-1-al, docdecanal e alcanos (1,46%) são os compostos residuais (Matasyoh et al., 2009).

Os dois principais constituintes do óleo essencial das folhas de coentros são os aldeídos e os álcoois. O polifenol das folhas de coentros é composto por kaempherol, 3'-O-mesquercetina, 4'-Omequercetina, acacetina e quercetina, enquanto os principais ácidos fenólicos das folhas incluem ácido p-coumaricac, ácido trans-ferúlico, ácido vanílico e ácido cis-ferúlico (Nambiar et al., 2010).

Em 1988, duas furoisocumarinas fotoactivas: a dihidrocoriandrina e a coriandrina foram separadas das folhas de coentros (Ceska et al., 1988). Foram também identificadas mais isocumarinas a partir de partes aéreas e categorizadas por técnicas espectrais (Baba et al., 1991; Tanguchi et al., 1996). Os odorantes mais importantes em *C. sativum* incluem Z-2- decenal, E-2-decenal, eugenol, b-ionona, um grupo co-eluente (E-2-dodecenal, E-2- dodecen-1-ol e 1-dodecanol). O principal composto das folhas de coentros, o E-2-Decen-1-ol, tem um papel ligeiro na atividade odorífera (0,39%). Além disso, os coentros sativum também contêm oligoelementos como o ferro, o cobre, o zinco, o manganês, o crómio, o cobalto, o níquel, o chumbo e o cádmio (Hashmi et al, 2007)

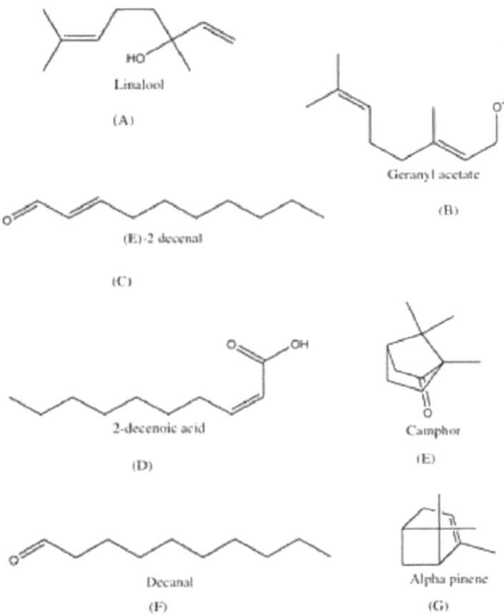

Fig.1.3 Estruturas dos fitoquímicos dos coentros:
(A) Linalol, (B) acetato de geranilo, (C) E-2-decenal, (D) ácido 2-decenóico, (E) cânfora, (F) decanal, e (G) alfa pineno (Sahib et al, 2013).

1.8 Composição química do extrato etanólico de *Coentros sativum L.*

Dezoito compostos bioactivos foram reconhecidos no extrato etanólico de *Coriandrum sativum L.* por análise GC-MS. Os compostos predominantes são o Éster Etílico (56,68%), o Ácido 9-Octadecenóico (Z)-, o Hexadecanoato de Etilo (7,69%), a Alfa. Monooleína (6,66%), Éster etílico do ácido linoleico (13,64) (Kanimozhi et al., 2012). O éster etílico do ácido 9-octadecenóico (Z)-(oleato de etilo) é o composto mais predominante utilizado como solvente para a preparação de medicamentos farmacêuticos, tem um papel na administração intramuscular de medicamentos, em alguns casos, para a preparação das doses diárias de progesterona no apoio à gravidez (Kanimozhi et al., 2012).

O óleo de sementes de coentros contém linalol (60 a 70%) e hidrocarbonetos 20%, o óleo de ervas difere completamente na composição do óleo de sementes (Guenther et al., 1950). Foi relatado que o óleo de sementes contém β-felandreno, α-pineno, linalol, limoneno, geraniol, borneol, eucaliptol, β-, citronelol, timol, acetato de linalilo, cariofileno metil heptenol, acetato de geranilo e óxido de elemolcariofileno por TLC (Rastogi et al., 1993).

1.9 Utilizações comerciais

1.9.1 Utilizações como ingrediente alimentar. O óleo é amplamente utilizado como agente aromatizante em todos os tipos de produtos alimentares, por exemplo, bebidas alcoólicas, tabaco, doces, pickles, molhos de carne e condimentos. O óleo de coentros também reduz as propriedades microbianas contra microrganismos patogénicos e saprófitas selecionados, o que indica que é útil como desinfetante (Deans e Ritchie, 1987; Meena e Sethi, 1994; Elgayyar et al., 2001). Os coentros são reconhecidos como uma das especiarias mais importantes a nível mundial e têm grande importância no comércio internacional (Small, 1997). Estima-se que a produção mundial anual de óleo de coentros tenha um valor de cerca de 50 milhões de dólares, o que o torna o segundo óleo essencial mais importante do mundo, a seguir ao óleo de laranja (Lawrence, 1993). Esta mistura de especiarias não foi substituída por uma mistura líquida de óleo essencial. As sementes são muito utilizadas para temperar caril, pudins de caril indiano, pães, salsichas, licores, bolos, essências de gin e molhos picantes (Facciola., 1990).

1.9.2 Utilizações não alimentares. Em perfumaria, as notas quentes e doces do óleo de coentros podem combinar-se bem com colónias de bergamota e salva, com notas florais de jasmim, lilás, madressilva e flor de macieira. Nos perfumes de tipo oriental, o óleo de coentros pode produzir bons efeitos com a canela do Ceilão e o olíbano (o olíbano é também conhecido como incenso, uma resina aromática obtida a partir de árvores do género Boswellia, em especial Boswellia sacra).O uso do óleo em produtos de consumo como sabão, cremes, loções e perfumes também foi relatado (Opdyke, 1973), além de também ter sido usado em aromaterapia (Cooksley, 2003). A popularidade do coentro não vem apenas do seu uso em óleos, mas também do seu uso para fins de decoração (por exemplo, para pastelaria) e como uso doméstico, para pastelaria) e como uma especiaria doméstica. Na medicina popular, os coentros têm uma grande utilidade contra parasitas intestinais e como constituinte de embrocados para o tratamento de reumatismo e dores nas articulações (Wichtl, 1994). Além disso, possui uma forte atividade lipolítica (Leung e Foster., 1996), e, como membro da família das cenouras, a sua utilização tem sido sugerida com precaução, devido a potenciais reacções alérgicas provocadas pelas furanocumarinas (Brinker, 1998; NMCD, 2003).

1.10 USOS MEDICINAIS

Diferentes partes dos coentros, como as folhas, as sementes e o óleo essencial, têm sido utilizadas tradicionalmente em todo o mundo nos sistemas de medicina popular de diferentes civilizações. As folhas têm propriedades como serem utilizadas como antiespasmódico, dispéptico e aperitivo e para o tratamento de desconfortos abdominais. As preparações de folhas são ingeridas e também aplicadas externamente para tratar tosse, dores no peito, problemas de bexiga e como afrodisíaco (Bruneton, 1995). Também foi relatada a utilização de frutos de coentro para tratar inflamação, indigestão, tosse, bronquite, vómitos, disenteria, diarreia, gota, reumatismo, febres intermitentes e tontura, entre outros (Vaidyaratnam e Varier, 1994). Além disso, é um bom agente carminativo, tem propriedades antiespasmódicas e expectorantes e tem sido utilizado como pomada na artrite e no reumatismo (Ceska et al., 1988).

Outras utilizações incluem antiedémico, anti-sético e calmante para os nervos (Duke et al., 2002). Na medicina tradicional chinesa, as sementes de coentros são utilizadas no tratamento da indigestão, anorexia, dores de estômago, gripe sem transpiração, mau hálito e odores desagradáveis das zonas genitais (Leung e Foster, 1996), enquanto que, na Alemanha, as sementes de coentros são normalmente tomadas como chás medicinais ou componentes de carminativos e laxantes. A principal utilização dos coentros é para tratar queixas dispépticas, perda de apetite, desconfortos abdominais e perturbações gastrointestinais (Wichtl e Bisset, 1994). No Irão, os coentros têm uma longa história medicinal, por exemplo, na prevenção de convulsões, ansiedade, insónia e perda de apetite. Na Arábia Saudita, as sementes de coentros ainda são utilizadas como agente antidiabético (Al Rowais, 2002), e o extrato das sementes tem sido utilizado para diminuir a fertilidade (Al Said et al., 1987). O óleo essencial da planta de coentros tem sido utilizado como parte da tradição para estimular os sucos gástricos e para tratar úlceras e infecções da boca na região asiática (Leung e Foster, 1996; Kapoor, 1990)

1.11 Actividades biológicas

1.11.1 Atividade antioxidante

Os extractos de óleos essenciais de coentros têm sido estudados para observar a atividade antioxidante (Stashenko et al., 2002; Dias et al., 2011; Shahwar et al, 2012). A atividade antioxidante deve-se principalmente ao seu potencial redox, que desempenha um papel significativo na neutralização e adsorção de radicais livres, quelando metais: principalmente catiões de cobre e ferro, e reduzindo as espécies reactivas de oxigénio (Balasundram et al., 2006). É atribuída à presença de uma quantidade excessiva de constituintes principais e de outros constituintes em quantidades menores (Joji Reddy et al., 2012). A propriedade antioxidante do óleo de coentros pode dever-se aos terpenos e aos constituintes terpenóides, por exemplo: cânfora, geraniol, α-pineno e limoneno (Darughe et al., 2012). Além disso, o extrato de óleo das folhas de C. sativum pode ser considerado como uma boa fonte de antioxidantes naturais e também como um possível substituto de antioxidantes artificiais na conservação de alimentos (Joji Reddy et al., 2012; Darughe et al., 2012). Os coentros cultivados in vivo e in vitro apresentaram os níveis mais elevados de compostos hidrofílicos (Dias et al., 2011).

1.11.2 Atividade analgésica;

Os extractos aquosos de sementes de coentros apresentam um efeito analgésico (Pathan et al., 2011) através da inibição dos receptores centrais da dor. Foi também referido que o linalol desempenha um papel importante na atividade analgésica (Guimar et al., 2013). Peana et al. (2003) afirmaram a atividade nociceptiva do linalol.

1.11.3 Atividade antibacteriana

Foi relatado que o óleo essencial de coentro inibe um amplo espetro de micróbios (Casetti et al., 2012; Pawar et al; 2013; Thompson et al., 2013) e também provou ser eficaz contra bactérias. (O extrato de sementes de coentros também mostrou uma atividade antibacteriana eficaz contra bactérias Gram-negativas (por exemplo: *Pseudomonas aeruginosa* e *Klebsiella pneumonia*) e Gram-positivas (*Staphylococcus aureus*) (Zare Zardini et al, 2012).

Recentemente, um péptido antimicrobiano "Plantaricin CS" foi separado do extrato de folhas de coentros, que mostra atividade antibacteriana contra a estirpe *S. aureus* (MIC = 1,3 mg/ml) e *K. pneumonia* (MIC = 2,65 mg/ml) e tem um efeito comparativamente menor em bactérias Gram-negativas.

Além disso, o óleo essencial da folha de coentros apresentou uma atividade antimicrobiana extremamente eficaz contra bactérias Gram-positivas e Gram-negativas (Joji Reddy et al., 2012). A atividade antibacteriana eficaz do óleo de coentros contra bactérias Gram-positivas e Gram-negativas deve-se à permeabilidade da membrana (Silva et al., 2011).

1.11.4 Atividade anti-helmíntica

Foi avaliada a atividade anti-helmíntica do extrato de sementes de coentros contra um parasita nemátodo, *Haemonchus contortus*. Foi demonstrada uma maior atividade contra o parasita adulto (Eguale et al., 2007).

1.11.5 Atividade anticancerígena

O óleo essencial de sementes de coentros, predominantemente linalol, tem atividade anti-cancerígena. Este composto impede a proliferação celular de uma forma moderada e pode ajudar a melhorar a terapêutica no tratamento do cancro da mama (Ravizza et al., 2008).

Os extractos de folhas e sementes de coentros apresentaram actividades antitumorais e imunomoduladoras. Os extractos de raízes de coentros apresentaram atividade antiproliferativa na linha celular do cancro da mama e podem prevenir o cancro e as metástases (Gomez-Flores et al., 2010; Tang et al., 2013).

1.11.6 Atividade anticonvulsiva

Foi demonstrado que o extrato de coentros e o seu óleo de sementes têm uma atividade anticonvulsiva e podem ser úteis no tratamento de crises de ausência (Emamghoreishi e Heidari-Hamedani, 2004).

1.11.7 Atividade anti-inflamatória

Foi também demonstrado que os coentros possuem uma atividade anti-inflamatória. De acordo com muitos relatórios, os extractos de coentros e os seus óleos essenciais podem ter uma atividade anti-inflamatória (Reuter et al., 2008; Gupta et al., 2010; Wu et al., 2010). Curiosamente, foi relatado que uma formulação poli-herbácea de coentros com três outras plantas, mostrou um efeito protetor contra a doença inflamatória intestinal (Jaqtap et al., 2004).

1.11.8 Atividade ansiolítica

Os extractos de sementes de coentros apresentaram efeitos ansiolíticos, sedativos e de relaxamento muscular (Emamghoreishi et al., 2005; Mahendra e Bish, 2011).

1.11.9 Atividade antidiabética

De acordo com estudos recentes, os extractos de coentros demonstraram ter uma eficácia comprovada contra a diabetes (Waheed et al., 2006; Aissaoui et al., 2011; Rajeshwari et al., 2011; Naquvi et al., 2012). A atividade hipoglicémica do óleo essencial de coentros deve-se aos seus compostos bioactivos, por exemplo, linalol, γ-terpineno e acetato de geranilo (Abou et al., 2012). Os efeitos anti-hiperglicémicos dos coentros ajudam a melhorar o nível de glicose no sangue e a prevenir as complicações da diabetes mellitus tipo 2 (Gallagher et al., 2003; Pandeya et al., 2013).

1.11.10 Atividade hipolipidémica

Foi demonstrado que os coentros possuem uma atividade hipolipidémica. De acordo com muitos estudos, a administração de sementes de coentros em animais experimentais demonstrou ter um efeito sobre o metabolismo lipídico em animais experimentais (Lal et al., 2004; Dhanapakiam et al., 2008). A atividade hipolipidémica pode ser devida à ação combinada dos compostos bioactivos das suas sementes (Rajeshwari et al., 2011). Os ácidos gordos existentes nos coentros, como o ácido oleico, o ácido linoleico, o ácido palmítico, o ácido ascórbico e o ácido esteárico, demonstraram ser altamente eficazes na redução do nível de colesterol no sangue (Ertas et al., 2005).

1.11.11 Atividade antifúngica

Foram avaliadas as actividades antifúngicas do óleo essencial da semente de coentros contra oito espécies de fungos. Verificou-se que era altamente ativo contra *Fusarium oxysporum*, *Aspergillus terreus*, *Fusarium moniliforme* e *Curvulariapallescens* (Singh et al., 2006). O seu óleo essencial mostrou alguma atividade contra espécies de Candida, demonstrando uma boa atividade antifúngica (Furletti et al, 2011, Soares et al, 2012; Freires et al, 2014).

1.11.12 Atividade inseticida

Verificou-se que o óleo essencial de sementes de coentros é eficaz na proteção dos grãos e pode ser utilizado como inseticida natural (Islam et al., 2009; Khani et al., 2012). Foi demonstrado em estudos recentes que o óleo de sementes de coentros induz efeitos tóxicos contra larvas *de Aedesaegypti* com um valor LC50 de 21,5 ppm (Chung et al., 2012).

1.11.13 Atividade de reforço da memória

Foi avaliada a atividade de melhoria da memória dos coentros. O efeito protetor dos coentros foi sugerido como sendo atribuído à presença de compostos antioxidantes nos coentros; foi demonstrado que melhora a função neuronal e reduz os danos cerebrais. O efeito de melhoria da memória das folhas de coentros pode dever-se a uma combinação de papel neuroprotector, anti-inflamatório e antioxidantes que reduzem o colesterol (Mani e Parle, 2009; Cioanca et al., 2013).

1.11.14 Atividade hipnótica sedativa

O extrato aquoso de sementes de coentros possui uma atividade sedativa-hipnótica (Emamghoreishi e Heidari Hamedani., 2006).

1.11.15 Conservação dos alimentos e anti-poilagem

A peroxidação lipídica nos alimentos provoca stress oxidativo que leva ao desenvolvimento de ranço, sabores e odores desagradáveis, bem como a alterações de cor e perdas de valor nutricional (Iqbal-Bhanger et al., 2008). Os antioxidantes sintéticos, nomeadamente o butil-hidroxil-anisol (BHA) e o BHT, têm sido utilizados nos alimentos (Reddy et al., 2005), mas devido à sua toxicidade, danos no fígado e carcinogenicidade, a sua segurança tem sido posta em causa (Nanditha et al., 2008). O C. sativum tem uma excelente atividade antioxidante e, devido à sua estabilidade a altas temperaturas e à prevenção da deterioração dos alimentos, temperado com o OE parece ter um papel importante na conservação dos alimentos. Darughe et al., em 2012demonstraram que o OE de C. sativum (0,05%-0,15%) inibiu a taxa de formação de produtos de oxidação primária e secundária em bolo, e os seus efeitos foram quase iguais aos do BHA, aumentando assim a vida útil do produto (Marangonand Moura, 2011).

1.12 Funções protectoras dos *coentros sativum L.*

1.12.1 Potencial de desintoxicação do chumbo.

O papel protetor dos coentros contra o envenenamento por chumbo, como a diminuição da deposição de chumbo e da lesão renal, foi considerado eficaz (Aga et al., 2001)

1.12.2 Efeito protetor hepático e renal em ratos machos

O efeito antioxidante dos coentros foi observado em ratos contra a toxicidade estimulada pelo nitrato de chumbo. Os coentros reduziram os efeitos adversos das alterações induzidas pelo chumbo nos parâmetros bioquímicos que conduzem ao stress oxidativo renal e hepático (Leena et al., 2009).

1.12.3 Atividade hepatoprotectora:

O extrato etanólico é rico em compostos fenólicos, alcalóides, flavonóides, quercetina e isoquercetina. Em animais com toxicidade induzida por CCL4, os coentros desempenharam um papel hepatoprotector, reduzindo as enzimas hepáticas (por exemplo, ALP, SGOT e SGPT), o peso do fígado e a bilirrubina. A uma dose de extrato de 3000 mg/kg, também foram observadas as suas actividades anti-hepatotóxicas (Pandey et al., 2009).

1.12.4 *Coriandrum sativum L.* (Coentros) alivia o stress oxidativo induzido pelo chumbo no cérebro do rato

O extrato hidroalcoólico de sementes de *C. sativum* resultou numa melhoria específica dos tecidos do stress oxidativo induzido pelo chumbo.

1.12.5 Eficácia profiláctica de *Coriandrum sativum L.* (Coentros)

As alterações induzidas pelo chumbo nos testículos de ratinhos, tais como a diminuição da GSH,

CAT, SOD, nível de chumbo nos tecidos e proteínas, foram evitadas pela administração de extrato de coentros. Também protegeu contra o stress oxidativo causado pela toxicidade do chumbo (Sharma et al., 2010).

1.12.6 Libertação de insulina das células beta pancreáticas em ratos diabéticos induzidos por estreptozotocina.

Em ratos diabéticos induzidos por estreptozotocina, o extrato etanólico de coentros reduziu a glicose sérica e também aumentou a libertação de insulina pelas células beta pancreáticas (*Eidiet al*, 2009).

1.12.7 Considerações de segurança

A utilização a longo prazo dos coentros como agente aromatizante e medicamento à base de plantas sugere que o seu óleo e os seus principais componentes, o linalol, podem ser considerados seguros (Letizia et al., 2003).

Foi registada uma toxicidade oral aguda (LD50) de 4,13 g/kg para o óleo de coentros em ratos, que, segundo consta, tem uma baixa toxicidade oral aguda em animais experimentais. Foi sugerido que. O linalol, o seu componente essencial, causa toxicidade (Burdock e Carabin et al., 2009).

Segundo Hedge e Sterner a DL50 dos coentros em ratos foi de 2139,98 mg/kg especificando a sua baixa toxicidade (Hedge e Sterner., 1949; Di Almeida., 2014)revelou baixa citotoxicidade dos coentros em células humanas.

Através de bioensaio com artémia a concentração letal parcial (CL50) desta planta foi <1000 mg/ml e considerada bioactiva (Meyer et al, 1982). Soares et al em 2012 mostrou que a CL50 do fruto do coentro foi de 23 mg/ml. O extrato de coentro até 3000 mg/kg de peso corporal foi demonstrado não tóxico em ratos, mostrando um perfil hematológico normal, indicando a sua segurança para consumo (Patel et al., 2012).

1.13 Estudos toxicológicos

1.13.1 Estudos de toxicidade aguda

A toxicidade oral aguda do óleo de coentros em ratos foi de 4,13 g/kg, enquanto que em coelhos a sua toxicidade dérmica aguda foi indicada >5 g/kg do seu peso corporal (Hart, 1971).

A DL50 oral aguda do linalol demonstrou ser superior a 2,79 g/kg, seguindo-se ataxia e morte do animal em 4-18 horas (Jenner et al., 1964).

O linalol, o principal composto presente no óleo de coentros, na sua maioria 60-80%, pode causar uma ligeira toxicidade aguda (Hodge e Sterner, 1949; Derelanko e Hollinger, 1995).

1.13.2 Estudos de irritação

O óleo de coentros também provoca irritação da pele em diferentes experiências efectuadas em coelhos (Hart, 1971). Enquanto alguns outros relataram que é ligeiramente irritante (Tisserand e Balacs., 1995).

1.13.3 Estudos de toxicidade a curto prazo e subcrónicos

(Letizia et al., 2003) testaram o óleo de coentros em ratos num plano de estudo de 28 dias. No estudo, utilizaram a dose de óleo de 160, 400 e 1000 miligramas por quilograma por dia em 1% de metilcelulose e administraram a dose por gavagem a ratos Sprague Dawley. Nesta experiência, foram utilizados 10 ratos por sexo e por grupo. Este tratamento não mostrou qualquer efeito na sobrevivência, observação clínica e peso corporal ou consumo de alimentos. No entanto, uma dose elevada (1000 mg/kg/dia) observou um aumento do peso absoluto e relativo dos rins, tanto nos machos como nas fêmeas. Com uma dose média (400 mg/kg/dia), apenas os machos apresentaram sintomas de elevação dos pesos absolutos e relativos dos rins. Também se observou uma elevação dos pesos absolutos e relativos do fígado, tanto nos machos como nas fêmeas, após a administração de doses médias e elevadas. Juntamente com isto, em ratos machos, também foi observado um aumento no cálcio sérico. Após exame histológico, observou-se também uma elevada incidência de lesões degenerativas no córtex renal de machos que receberam doses elevadas. Este grupo de investigação não apresentou qualquer alteração macro e microscópica nos órgãos reprodutores. De acordo com os resultados deste estudo, foi determinado um nível de efeito não observado (NOEL) de 160 mg/kg/dia para os ratos machos e o NOEL para as fêmeas foi inferior a 160 mg/kg/dia (Letizia et al., 2003).

1.13.4 Imunotoxicidade

A imunotoxicidade de muitos ingredientes aromatizantes de alimentos, incluindo o óleo de coentros, foi estudada por Gaworski et al. (1994) em ratos, o sistema imunitário não foi afetado por qualquer efeito dos coentros. (Gaworski et al, 1994).

1.13.5 Genotoxicidade

Higashimoto et al. (1993) investigaram a mutagenicidade dos extractos de coentros (água quente, metanol e hexano) nas estirpes TA98 e TA100 de *Salmonella typhimurium* através do ensaio de Ames, não tendo os extractos sido mutagénicos em nenhuma das estirpes com ativação metabólica S9 ou sem ativação metabólica S9. Antagonicamente a estas observações, o fruto do coentro foi considerado mutagénico quando analisado no ensaio de Ames com as estirpes TA98 e TA100 de *S. typhimurium* (Mahmoud et al., 1992).

Heibatullah et al. (2008) realizaram o ensaio cometa para verificar a genotoxicidade da gota de coentros (não definida) e de um extrato alcoólico de coentros em células de cultura de fibroblastos de embrião de rato, e não encontraram qualquer genotoxicidade neste ensaio.

Badria, em 1994, relatou que o extrato de sementes de coentros não mostrou atividade antimutagénica contra a mutagénese induzida pelo 2-aminoantraceno na estirpe TA98 de *S. typhimurium* na presença de ativação metabólica (S9).

Do mesmo modo, Natake et al., em 1989, também referiram que o extrato de ervas de coentros suprimia significativamente a ação mutagénica do Trp-P-2 no ensaio de Ames.

1.13.6 Estudos de citotoxicidade

Foi relatado que o óleo de coentros está envolvido na inibição de microrganismos (Dwivedi e Dwivedi, 1972; Deans e Ritchie, 1987; Baratta et al., 1998; Cantore et al., 2004).

Noutro estudo, o óleo de coentros, a uma concentração de 0,2% e superior, inibiu completamente o crescimento de *Aspergillus parasiticus* NRRL 2999 (Tantaoui-Elaraki e Beraoud, 1994). Em oposição a este facto, o óleo essencial de coentros não inibiu o crescimento de *A. parasiticus* CFR 223 (Atanda et al., 2007). O óleo essencial de coentros também foi testado quanto à sua atividade antibacteriana contra oito bactérias gram-positivas e gram-negativas patogénicas humanas. Exceto para a *Corynebacterium diphtheriae*, verificou-se que era eficaz contra *Proteus vulgaris* (gram-negativo), Streptococcus haemolyticus, *Staphylococcus aureus*, , *B. subtilis* (gram-positivo), *E. coli, Pseudomonas aeruginosa,* e *espécies de Klebsiella* (Singh et al., 2002).

Lis-Balchin et al. (1998) avaliaram a atividade antimicrobiana do óleo de coentros a 500 ppm contra *Saccharomyces ludwigii*, *Salmonella enteriditis*, *Zygosaccharomycesbailii* e *Listeria innocua*. E foi eficaz contra as quatro espécies bacterianas.

1.13.7 Estudos de sensibilização

A alergia aos coentros inclui sintomas como picadas e comichão nos lábios e na boca, e choque anafilático. Alguns cientistas observaram testes de punção cutânea positivos e produção de IgE em resultado dos coentros. O consumo de coentros como especiaria provoca reacções alérgicas graves em alguns indivíduos. A maior parte destes relatos são da utilização de coentros como especiaria e não como óleo essencial.

1.13.8 Atividade antifeedante

A atividade antifeedante de *Coriandrum sativum L.* foi registada em lesmas através de um ensaio eletrofisiológico. Foi também demonstrada a sua atividade neuroactiva (Catherine et al, 1999).

1.13.9 Atividade espermatogénica

Alessia *et al.* em 2014 utilizaram o extrato de sementes de coentros e observaram um aumento significativo na concentração, motilidade e viabilidade dos espermatozóides, enquanto o aumento dos espermatozóides luminais foi observado nos túbulos seminíferos pela sua histologia (Alessia *et al.*, 2014).

Num outro estudo, a dose de extrato de coentros de 50mg/100g b.w. durante 14 dias mostrou túbulos seminíferos mais largos. O aumento da população de espermatócitos e da densidade de espermatozóides no lúmen do túbulo também foi observado na sua histologia.

Os ratos tratados com coentros apresentaram um aumento da espessura e do diâmetro dos epitélios germinativos dos túbulos seminíferos em comparação com o grupo de controlo, mostrando assim que é um estimulante da espermatogénese (Issam *et al*, 2015)

1.13.10 Toxicidade para o desenvolvimento e a reprodução

0, 250, 500 ou 1000 mg de óleo de coentros/kg de peso corporal durante 39 dias foram administrados a ratos fêmeas para analisar a toxicologia do desenvolvimento e da reprodução. Os parâmetros de fertilidade, a duração da gestação, o consumo de alimentos e o peso corporal foram observados duas vezes por dia.

O extrato de coentros de 250 mg/kg/dia provoca um aumento do consumo de alimentos e do peso corporal. Enquanto a dose de 1000 mg/kg/dia provoca efeitos inversos, juntamente com a diminuição do tamanho da ninhada, da viabilidade das crias, do período de gestação e do índice (RIFM, 1989; Vollmuth et al., 1990; FFHPVC, 2002).

Al-Said et al. (1987) investigaram o efeito de 0, 250 e 500 mg/kg de extrato aquoso de sementes de coentros na fertilidade de ratos fêmeas. O extrato de coentros causa um efeito anti-implantação significativo ao diminuir o nível de progesterona no dia 5, mas não causa infertilidade completa.

O linalol foi administrado por via oral a ratas grávidas para avaliar a toxicidade para o desenvolvimento. Os resultados não indicaram efeitos adversos do linalol nas doses de 0, 250 e 500 mg/kg/dia. A dose materna até 1000 mg/kg/dia de linalol foi observada como não tóxica para o desenvolvimento (Politano et al., 2008).

Num estudo realizado por Al-Suhaimi (2009), coelhos machos foram alimentados com 250 mg/kg de coentros durante 7 dias para observar as funções reprodutoras e endócrinas masculinas. Não foi observada qualquer alteração na produção de testosterona, no perfil químico do soro e no colesterol.

1.14. Reprodução masculina

A reprodução é um processo fundamental tanto nos animais como nos seres humanos; cada organismo individual existe como resultado deste processo. A reprodução é o fenómeno biológico através do qual são produzidos novos organismos a partir dos seus "pais" (Shcherbakov., 2010).

A reprodução é um processo fundamental da vida, tanto nos seres humanos como nos animais. Baseia-se na produção saudável de espermatozóides, na estrutura dos testículos, na contagem de espermatozóides e num nível hormonal equilibrado (Saradha e Mathur., 2006).

Trata-se de um processo essencial para produzir gâmetas e hormonas viáveis, tanto nos organismos masculinos como nos femininos (Qaziet al, 2003). A reprodução envolve a interação sexual de gâmetas masculinos e femininos, o macho fertiliza tipicamente o gâmeta feminino para criar um zigoto e, como resultado, os organismos são produzidos com material genético de ambos os progenitores (Lombardi, 1998).

O sistema reprodutor é o mesmo em todos os mamíferos, mas nos mamíferos inferiores o ciclo estral está presente nas fêmeas em vez do ciclo menstrual. Os androgénios, os estrogénios e a progesterona são as hormonas básicas envolvidas na reprodução (Regan, 1996). O macho produz um esperma maduro e androgénios nos testículos, e a fêmea produz um óvulo e progesterona e estrogénios nos ovários. Estas hormonas controlam o desenvolvimento das caraterísticas sexuais primárias e secundárias tanto nos homens como nas mulheres (Sharma et al., 2002).

A hormona libertadora de gonadotrofinas (GnRH) é o principal regulador da hormona folículo-estimulante (FSH) e da hormona luteinizante (LH), que, por sua vez, provoca a secreção regulada de hormonas reprodutivas em todos os organismos (Kaiser et al., 1997).

Antes da puberdade, o hipotálamo e a pituitária são muito sensíveis à ação de feedback negativo da testosterona e dos estrogénios em ambos os sexos, mas durante a puberdade a sensibilidade da pituitária hipotalâmica ao feedback negativo diminui e provoca o aumento da secreção de testosterona e estrogénios, estimulando o hipotálamo a libertar GnRH e, por sua vez, estimulando a pituitária a libertar FSH e LH. Assim, na adolescência, estas alterações hormonais provocam o desenvolvimento de caraterísticas sexuais secundárias, o desenvolvimento mamário, o alargamento das ancas, o aumento do tamanho dos testículos, a formação de espermatozóides e a diminuição do som na mulher e no homem, respetivamente (Evans, 1999).

No entanto, tanto as fêmeas como os machos são importantes para a reprodução. O sistema reprodutor masculino é constituído principalmente pelos testículos e pelas glândulas sexuais acessórias masculinas.

Para compreender os efeitos toxicológicos na reprodução masculina, é essencial compreender brevemente o sistema reprodutor masculino. A espermatogénese e a produção de testosterona são as funções básicas das gónadas masculinas. A produção de espermatozóides ocorre no epitélio seminífero que é revestido por células de sertoli, que fornecem apoio, nutrientes e actuam como uma barreira para os espermatozóides em desenvolvimento (Filippini et al.,2000), bem como os transportam para o testículo e epidídimo para a ejaculação (Setchell et al,1998). As células de Leydig, presentes no epitélio intersticial, são responsáveis pela produção de testosterona esteroide (Maekawa et al., 1996). Nos ratos, 20 túbulos seminíferos, dispostos longitudinalmente, estão empilhados uns sobre os outros e têm a forma de um funil.

Toxicidade é o termo que designa o facto de uma determinada substância causar danos físicos a um organismo vivo. Os efeitos nocivos podem ocorrer tanto a nível celular como a nível dos órgãos. Dependendo da natureza dos factores que causam a toxicidade, esta é caracterizada em quatro tipos. Os tóxicos químicos (incluindo o chumbo, o mercúrio, o ácido fluorídrico, o cloro gasoso, o álcool asmético androgénico), os tóxicos biológicos (bactérias e vírus), os tóxicos físicos (carvão, poeiras, fibras de amianto ou dióxido de silício em pó) e as radiações também têm efeitos nocivos (Matsumura e Ananthaswamy, 2004).

O efeito tóxico de uma substância no organismo pode ser estudado in vitro utilizando linhas celulares ou in vivo em organismos experimentais para determinar se a substância tem ou não um efeito letal. Vários estudos determinaram a influência das toxinas na reprodução masculina. A deterioração da fertilidade masculina ocorre porque as toxinas são transportadas diretamente pela circulação sistémica, atravessando a barreira sanguínea dos testículos e, por sua vez, prejudicando o processo de espermatogénese. Indiretamente, estas toxinas podem ser transportadas por contacto sexual para mulheres grávidas, afectando o desenvolvimento do oócito e do feto (Environ Mol Mutagen, 1988). O efeito tóxico do chumbo na fertilidade masculina foi determinado numa experiência em que 150 homens que trabalhavam num ambiente poluído com chumbo sofreram de perturbações do esperma, incluindo oligospermia e hipomotalidade dos espermatozóides (Schrag e Dixon, 1985).

Um estudo epidemiológico realizado em seres humanos detectou anomalias no processo de espermatogénese em caso de exposição a compostos orgânicos, incluindo cloropreno, dissulfureto de carbono, tolueno diamina, dinitrotolueno e produtos químicos destruidores de pragas, como o carbaril, a clordecona e o dibromocloropropano (DBCP), o que sugere efeitos tóxicos destes produtos químicos industriais, bem como de pesticidas (Thomas, 1985). Os dados relativos à toxicidade da reprodução masculina são escassos, mas as suas implicações são vastas.

O estudo acabou por nos fornecer informações sobre se a utilização de coentros aumenta as actividades reprodutivas ou as suprime. Se o estudo indicar que o uso de coentros suprime a reprodução masculina, então podem ser dadas diretrizes à população masculina para reduzir o uso de coentros e, mais importante ainda, os coentros podem, neste caso, ser usados como um contracetivo natural. No entanto, também é importante saber se esta atividade contraceptiva é reversível ou não. Tendo em conta esta informação, o estudo revelar-se-á benéfico para a comunidade leiga da população.

A presente investigação é de natureza pertinente, uma vez que várias ervas são utilizadas diariamente como parte dos nossos produtos alimentares. Os coentros são uma dessas ervas, amplamente utilizada em caris e pratos relacionados cozinhados em todas as casas e também em restaurantes. As suas sementes são secas e utilizadas em produtos alimentares; o seu óleo também é utilizado para vários fins. Mais frequentemente, os caules e as folhas de ervas frescas são utilizados para temperar, guarnecer e cozinhar vários alimentos. Embora existam vários estudos sobre o seu papel na manutenção da saúde e na cura de várias doenças, apenas um ou dois estudos tiveram efetivamente em consideração o seu papel na reprodução e na fertilidade. Um estudo indica que o uso de coentros causa infertilidade nas mulheres, enquanto o outro estudo implica o seu papel na melhoria do bem-estar dos espermatozóides.

A sociedade beneficiaria muito com o presente estudo, porque os cidadãos deveriam saber que os coentros são utilizados em quantidades adequadas se provocarem infertilidade. Além disso, os mesmos coentros podem levar à infertilidade nos homens. No entanto, antes de se recomendar ou sugerir que se reduza a utilização dos coentros, é extremamente necessário efetuar investigação científica sobre a sua segurança. Assim, as pessoas comuns beneficiariam muito com a presente investigação em termos da quantidade de coentros que é segura para ser utilizada diariamente nos alimentos e nas saladas.

Al-Said et al. (1987) estudaram o efeito do extrato aquoso de sementes frescas de coentros no ciclo estral, na implantação, no aborto e nos níveis séricos de progesterona. Os seus resultados indicaram um efeito anti-implantação dependente da dose do extrato de sementes de coentros. Outro estudo mostrou que a administração de coentros levou a uma atividade antifeeding (Catherine et al., 1999) e antifertilidade pós-coital (Mansoor et a, 1987). Apenas um estudo de Alessia *et al.* (2014) demonstrou que a concentração de espermatozóides, a vitalidade e a motilidade foram aumentadas pelo extrato de sementes de coentros.

Os resultados são contraditórios, pelo que é necessário assegurar o efeito real dos coentros. Assim, para além de um ou dois estudos publicados, não foram efectuados estudos pormenorizados especificamente sobre a reprodução masculina ou feminina. Por conseguinte, o presente estudo é importante, uma vez que abrange quase todos os principais aspectos da reprodução masculina. O estudo poderá fornecer informações de base sobre se os coentros têm efeitos anti-reprodutivos e antifertilidade ou se a sua utilização melhora os parâmetros reprodutivos.

O presente estudo foi concebido para avaliar o efeito do extrato etanólico de folhas e caules de coentros sativum *L.* nos órgãos reprodutores masculinos de ratos albinos machos.

Objectivos

Estudar o efeito do extrato etanólico das folhas e caules de *Coriandrum sativum L.* no sistema reprodutor masculino de ratos

Objectivos

Os objectivos do estudo foram os seguintes

i. determinar os níveis de testosterona sérica

ii. estudar as alterações histomorfológicas dos testículos e dos órgãos reprodutores acessórios

iii. avaliar a contagem de espermatozóides epididimários

iv. determinar os níveis de enzimas antioxidantes e de ERO nos testículos

v. determinar as concentrações de oligoelementos no sangue, nos testículos e nos órgãos reprodutores acessórios

CAPÍTULO 2
MATERIAIS E MÉTODOS

2.1 Alojamento e manutenção de animais

Os ratos *Sprague-Dawley* machos saudáveis (n=42) foram obtidos no National Institute of Health Islamabad e mantidos no biotério da Universidade Quaid-i-Azam. Os animais tinham livre acesso a água potável e a ração normal para roedores. A temperatura ambiente foi mantida a 25±2° C, enquanto a humidade relativa foi de 40 %. Foram alojados sete ratos por gaiola.

2.2 Aprovação ética

O estudo foi efectuado no laboratório de Fisiologia Animal e Humana, Departamento de Ciências Animais, Universidade Quaid-i-Azam de Islamabad. A manipulação e o sacrifício dos animais foram efectuados de acordo com as orientações do "Comité de Ética do Departamento de Ciências Animais" sobre os cuidados a ter e a utilização de animais para investigação científica.

2.3 Coleção de plantas

As folhas e o caule de *Coriandrum sativum L.* foram colhidos no mercado local de Islamabad, Paquistão. A identificação taxonómica e a autenticação foram efectuadas pelo botânico do herbário, Departamento de Ciências Vegetais. As plantas foram lavadas em água destilada e secas à sombra durante 10 dias. As folhas e os caules foram então cortados em pequenos pedaços, triturados num moinho misturador e armazenados em recipientes esterilizados devidamente rotulados.

2.4 Caraterísticas preliminares

2.4.1 Caraterísticas macroscópicas das folhas e caules

A *C. sativum L.* (família Umbelliferaes/Apiaceae) é uma erva anual erecta com uma raiz principal pronunciada e caules finos e ramificados até 20-70 cm de altura (Burdock e Carabin, 2009). As folhas são lanceoladas, verdes ou verde-escuras, glabras em ambas as superfícies, de forma variável e lobadas

2.4.2 Caraterísticas macroscópicas do pó

O pó das folhas e caules era de cor verde acastanhada clara, com um forte cheiro aromático e um sabor amargo.

2.5 Preparação da extração alcoólica (etanólica) de *Coriandrum sativum L.* Folhas e caules

O extrato da planta foi preparado por um processo de maceração simples. 120 gramas de pó foram embebidos em 500 ml de etanol absoluto num frasco cónico, misturados com agitação vigorosa e mantidos à temperatura ambiente (25+2 °C) durante 48 horas. O frasco foi bem tapado. O material foi filtrado através de um pano de musselina. O filtrado foi novamente filtrado através de papel de filtro Whattmann n.º 0,45µm. Este processo de filtração foi repetido três vezes para preparar um filtrado límpido. O solvente foi completamente evaporado utilizando um evaporador rotativo e o extrato gelatinoso foi vertido em frascos separados e rotulado. O extrato foi pesado após a secura completa e preservado a 4□C até uso posterior. Foi obtido um rendimento total de 9,43%. O extrato foi então dissolvido em água destilada para uso experimental.

2.6 Preparação da dose

Foram utilizadas doses altas e baixas de *Coentros sativum L.* como doses agudas e subagudas (4000 mg e 2000 mg/kg b.w), pelo que as doses do extrato de *Coentros sativum* foram calculadas de acordo com o peso dos ratos através do método unitário.

Para o rato com 150 mg de peso corporal, a dose de extrato de *coentros sativum* (4000 mg/kg b.w) foi

$$\frac{150m\alpha \text{ X } 4000ml}{IOOOmg} = 600 \text{ -}mg$$

Todas as doses foram administradas por via oral por gavagem CH/FR 5.

2.6.1 Dosagem e tratamento

Os animais foram pesados e as doses foram preparadas de acordo com o peso corporal de cada animal. A dose baixa foi de 2000 mg por kg de peso corporal, enquanto a dose alta foi de 4000 mg por kg de peso corporal. A solução de reserva do extrato de coentros foi preparada dissolvendo 10 g de extrato da planta em 10 ml de água destilada (1mg/10microlitros). A solução foi preparada de acordo com o peso corporal do animal. Os animais receberam o extrato bruto da planta por gavagem uma vez em 24 horas para o tratamento agudo e durante 7 dias contínuos para o tratamento subagudo.

2.6.1 Conceção experimental e grupos de dosagem

Quarenta e dois ratos machos, divididos em seis grupos, foram utilizados para experiências de tratamentos agudos e subagudos. Os grupos designados para o presente objetivo experimental foram os **seguintes**

Tratamento agudo: No tratamento agudo, foram utilizadas duas doses de extrato de coentros (2000mg/kg e 4000mg/kg b.w). Os ratos foram divididos em grupos de controlo e de tratamento (n=7).

I: Tratados com uma dose baixa de extrato (2000 mg/kg b.w/24hrs).

II: Tratada com uma dose elevada de extrato (4000 mg/kg p.c./24 horas).

III: Controlo Tratada apenas com 1 ml de água destilada.

Tratamento subagudo*:* No tratamento subagudo, as mesmas doses foram administradas por via oral durante 7 dias por dia. Os ratos foram divididos em grupos de controlo e de tratamento (n=7).

IV: Tratada com uma dose baixa de extrato (2000mg/kg b.w/7dias).

V: : Tratada com uma dose elevada de extrato (4000mg/kg b.w/7dias).

VI: : Controlo Tratado apenas com 1 ml de água destilada.

2.7 Dissecções/Colheita de sangue e tecidos

Os animais foram sacrificados após 24 horas (agudo) e 7 dias (subagudo) de experiência. Os ratos foram anestesiados suavemente, 2,5 ml de sangue foram retirados diretamente do coração utilizando seringas heparinizadas; 2 ml de sangue foram transferidos para tubos de gel para separação do soro, depois de mantidos durante 1 hora à temperatura ambiente foram centrifugados a 3000 rpm numa centrífuga de bancada durante 10 minutos para separar o soro. O soro foi armazenado a -20° C até ao ensaio, tendo-se transferido 0,5 ml de sangue para tubos de ensaio contendo 10 ml de ácido nítrico puro a 69 % (VWR) para a preparação da digestão. Cada um dos órgãos reprodutores dos ratos machos - testículos, epidídimo, vesícula seminal e tecidos da próstata - foi excisado e dividido em duas partes; uma metade de uma porção do testículo de cada animal foi processada para variáveis bioquímicas e análise histológica, enquanto a outra metade foi armazenada a -20°C para preparar digestões para a determinação das concentrações elementares.

2.8 Estimativa da testosterona sérica

Foi efectuado um ensaio imunoenzimático padrão (ELISA) utilizando os kits disponíveis no mercado (Amgenix, Inc. USA) para determinar as concentrações séricas de testosterona em diferentes intervalos de tempo para cada grupo de tratamento.

2.8.1 Princípio

O princípio básico do teste EIA baseia-se na ligação pouco dispendiosa entre a testosterona na amostra de teste e o conjugado testosterona-HRP para uma quantidade regular de anti-testosterona de coelho. 10 µl de padrões de testosterona, controlos, amostras de teste, 100 µl de mistura de conjugado testosterona-HRP e 50 µl de mistura anti-testosterona de coelho a 37^0 C durante 90 min são incubados em poços revestidos com IgG anti-coelho de cabra. Na incubação, uma quantidade estável de testosterona revestida com HRP contesta com a testosterona endógena nos padrões, amostras ou soro de controlo de valor para um número estável de locais obrigatórios do anticorpo particular de testosterona. A concentração do conjugado de testosterona peroxidase ligado ao poço diminui gradualmente à medida que o nível de testosterona na amostra aumenta. Os poços são lavados após a eliminação do conjugado de testosterona peroxidase livre. O desenvolvimento da cor azul requer uma solução de reagente TMB, que é incubada à temperatura ambiente durante 20 minutos. Ao adicionar HCl 1N, a produção de cor é interrompida e a absorvância é registada num leitor ELISA Plat's R 496 a 450 nm. A intensidade da cor é proporcional à quantidade de enzima e está inversamente relacionada com a quantidade de testosterona não marcada na amostra. A curva padrão é obtida traçando a concentração do padrão em função da absorvância. A concentração de testosterona nas amostras tratadas e nos controlos que correm em paralelo com os padrões é então calculada a partir da curva padrão.

Reagentes

O kit de testosterona continha micropoços de titulação revestidos com IgG anti-coelho de cabra, 96 poços. Os padrões de referência da testosterona são: 0, 0,1, 0,5, 2, 6 e 18ng/ml, líquidos, 0,5 ml cada. O reagente anti-testosterona de coelho, de cor rosa, contém uma quantidade de 7 ml. O reagente conjugado de testosterona-HRP tem cor azul, 12 ml. O Controlo 1 da testosterona contém 0,5 ml de líquido. O Controlo 2 da testosterona contém 0,5 ml de líquido. Reagente TMB (One-Step), 11 ml. Quantidade de solução de paragem (1N HCL), 11 ml.

2.8.2 Procedimento de ensaio

Colocou-se no suporte o número desejado de poços rotulados. Colocaram-se dez micro litros de cada um dos padrões, amostras e controlos nos poços adequados. Adicionou-se o conjugado HRP de testosterona (100 μl) a cada poço. Foi também adicionada a cada poço uma mistura de anti-testosterona de coelho (50 μl). Todos os reagentes foram misturados cuidadosamente durante 30 segundos. Os poços foram incubados a 37^0 C durante 90 min. Os micropoços foram enxaguados com água desionizada e agitados cinco vezes. O reagente TMB (100 μl) foi adicionado a cada poço e misturado suavemente durante 10 segundos. Em seguida, incubou-se à temperatura ambiente ($18\text{-}25^0$ C) durante 20 min. Adicionou-se 100 μl de solução de paragem aos poços para parar a reação. A solução foi então misturada suavemente durante 30 segundos até a cor azul mudar para amarelo. A absorvância foi lida a 450 nm com um leitor de microtitulação de poços num período de 10 minutos. As concentrações de testosterona foram determinadas a partir da curva padrão por interpolação utilizando uma curva semi-logarítmica ajustada com a absorvância no eixo Y e a concentração de testosterona no eixo X (ng/ml).

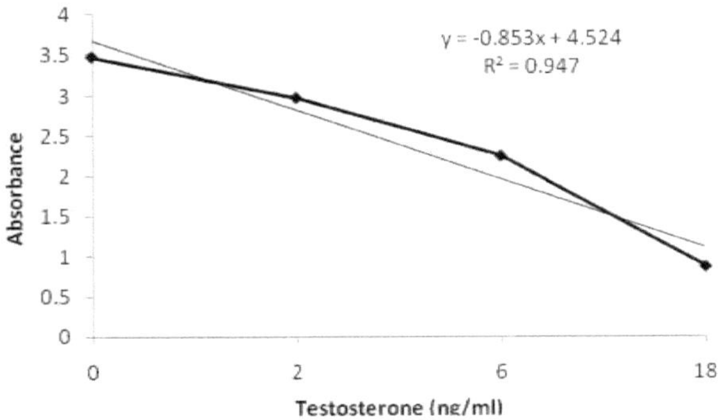

2.9 Histologia dos tecidos

Pré-coloração Processamento de tecidos

Os órgãos reprodutores de ratos machos, tais como testículos, epidídimo, vesícula seminal e tecidos da próstata, foram colocados durante uma noite em formalina a 10% para fixação. Os tecidos foram desidratados em graus ascendentes de álcool (30%, 50%, 70%, 90% e 100%) durante 1 hora. Os tecidos foram então limpos por colocação em xileno, primeiro durante 1 hora e depois durante 2 horas. Em seguida, foram transferidos para cera derretida durante 2 horas. De manhã, foram colocados em cera derretida fresca. Cortaram-se secções de tecido com 5µm de espessura num micrótomo rotativo (Shandon), que foram colocadas em lâminas microscópicas e deixadas durante a noite num aquecedor de lâminas.

Coloração

A desparafinização das secções de tecido foi efectuada durante 4 minutos em xileno. As secções foram mantidas em graus decrescentes de álcool para reidratação, durante 4 minutos em cada grau, depois lavadas em água da torneira e diferenciadas em álcool ácido a 1%. As secções foram então coradas com hematoxilina e eosina a 1% durante 2 minutos, lavadas em água corrente da torneira e passadas por graus crescentes de álcool para desidratação. Finalmente, os tecidos foram limpos em xileno durante 5 minutos e montados em meio DPX. As secções foram observadas num microscópio composto (Leica, Alemanha). Após a coloração, os núcleos apareceram a azul, o citoplasma a rosa, as fibras de fibrina/fibras musculares a vermelho escuro, o colagénio a rosa e os glóbulos vermelhos a laranja.

2.10 Concentração epididimária de espermatozóides

Foi adotado um método laboratorial para a contagem dos espermatozóides da região caudal do epidídimo direito. O epidídimo foi picado com uma tesoura em 5 ml de solução salina normal e deixado a incubar à temperatura ambiente durante 2 minutos. A nova câmara de contagem de Neubauer melhorada (hemocitómetro) foi utilizada para contar o número de espermatozóides. Cerca de 20 µl da suspensão diluída de espermatozóides foram colocados na câmara de neubauer do hemocitómetro e deixados em repouso durante 5 minutos, após o que os espermatozóides foram contados ao microscópio de luz com uma ampliação de 40X. Foram efectuadas três leituras para determinar o número médio de espermatozóides em cada amostra. Foi utilizada uma fórmula para determinar o número total de espermatozóides na suspensão de esperma.

Número total de espermatozóides=$X/10\times5\times20\times100\times1000$

X= Número de espermatozóides contados numa câmara de Neubauer

10=número de quadrados observados numa leitura

100= Número total de quadrados na câmara

5=Diluições com solução salina normal

20µl=Carregamento da suspensão de esperma numa câmara

1000=para converter µl em ml

2.11 Preparação do Homogenato de Tecido

2.11. 1Preparação de reagentes

Tampão de extração

HEPES (pH 7,0) 50mM
▪NaCl150mM
Azida de sódio0 ,02%
▪SDS0 .1%
Fluoreto de fenilmetilsulfonilo (PMSF) 0,1 mg / ml de HEPES
Triton X-1001%

Procedimento

O tecido (100 mg) foi pesado e picado em placas de Petri com gelo. Após a picagem com a ajuda de uma lâmina esterilizada, foi efectuada a homogeneização do tecido para cada amostra. Os órgãos foram homogeneizados num homogeneizador de vidro, adicionando 1000µl de tampão de extrato (tampão HEPES) contendo 0,1 mg de PMSF. Após a homogeneização, as amostras foram recolhidas num eppendorf e centrifugadas durante 10 minutos a 10.000 rpm a 4°C. O sobrenadante foi recolhido e armazenado a 20° C.

2.12 Avaliação do perfil oxidativo e anti-oxidativo

2.12.1 Ensaio de espécies reactivas de oxigénio (ROS)

Reagentes

- Reagente 1.N.N-Dietil para fenildiamina (DEPPD) sulfato 10mg/100ml
- Reagente 2. sulfato ferroso ($FeSO_4$)
- Peróxido de hidrogénio (H_2O_2)
- Tampão de acetato de sódio, pH 4, 80.1M

Preparação do reagente 2

Foi preparada uma solução-mãe de FeSO4 dissolvendo 50 mg de sulfato ferroso em 10 ml de tampão acetato. A partir desta solução-mãe, o reagente 2 foi preparado adicionando 50 µl de solução a 100 ml de tampão.

Procedimento

R1 e R2 foram misturados numa proporção de 1:25 e mantidos no escuro durante 2 minutos. A mistura de reagentes (1680µl), o tampão (1200µl) e a amostra de soro/homogenato (60µl) foram colocados numa cuvete. A absorvância foi medida a 505nm. Foram efectuadas três leituras com um intervalo de 15 segundos para cada amostra e calculada a respectiva média.

2.12.2 Ensaio de peroxidação lipídica (TBARS)

- Tris-HCL150mM
- Sulfato ferroso (FeSO4) 0.1mM
- Ácido ascórbico1 .5mM
- Ácido Tricloroacético (TCA) 10
- Ácido tiobarbitúrico (TBA) 0,375 %
- Água destilada
- Amostra de soro/homogenato

Procedimento

A mistura de reação para as substâncias reactivas ao ácido tiobarbitúrico (TBARS) foi preparada adicionando Tris-HCL (0,1 ml), ácido ascórbico (0,1 ml), água destilada (0,6 ml) e amostra de soro/homogenato (0,1 ml) num tubo de ensaio. A mistura foi misturada vigorosamente e incubada a 37 °C durante 15 minutos. Após 15 minutos, a mistura de reação foi centrifugada a 3000 rpm durante 10 minutos e o sobrenadante foi recolhido após a centrifugação. A absorvância do sobrenadante foi medida a 532 nm três vezes para cada amostra.

2.12.3 Perfil Antioxidativo

O perfil antioxidante inclui a avaliação da atividade dos antioxidantes enzimáticos e não enzimáticos. Três antioxidantes enzimáticos incluem a superóxido dismutase, a catalase e a peroxidase. Os antioxidantes não enzimáticos incluem a glutatião redutase reduzida.

2.12.3.1 . Ensaio da Superóxido Dismutase (SOD)

Para estimar a concentração da enzima antioxidante superóxido dismutase

Reagentes

- Tampão fosfato salino (K2HPO4) (pH7,8) 50mM
- L -Metionina1 ,5ml
- NBT.2HCL (Nitro blue tetrazolium) 1ml
- Riboflavina10µl
- Triton X-1000 .75ml
- Amostra de soro/homogenato20µl

Procedimento

Para medir a atividade da superóxido (SOD), misturou-se L-metionina, NBT.2HCL, Triton X-100 e o volume foi aumentado para 30 ml através da adição de tampão fosfato salino. 1 ml desta solução foi depois misturado com o soro/homogenato. Esta mistura foi iluminada durante 8 minutos com luz fluorescente e incubada durante 5 minutos a 37 °C. Em seguida, adicionou-se 10µl de riboflavina a cada amostra e incubou-se novamente durante 8 minutos a 40 °C. A absorvância foi medida a 560 nm três vezes para cada amostra. A percentagem de NBT foi calculada pela fórmula (Absorvância em branco - Absorvância da amostra) / (Absorvância em branco) × 100

A quantidade de enzima que provoca uma inibição de 50 % da taxa de redução do NBT é definida como uma unidade de atividade da SOD. A atividade da SOD foi medida numa escala de unidades/minuto.

2.11.1.1 Ensaio da catalase (CAT)

Para estimar a concentração da enzima antioxidante catalase

Reagentes

- Tampão de fosfato de potássio pH 7,0 50mM
- Peróxido de hidrogénio destilado10ml
- Amostra de soro/homogenato

Procedimento

O tampão fosfato de potássio (1990 µl), o peróxido de hidrogénio destilado (1000 µl) e a amostra de soro/homogenato (100 µl) foram colocados numa cuvete. A absorvância foi medida a 240 nm três vezes para cada amostra, com um intervalo de tempo de 30 segundos. Uma unidade de atividade da catalase é descrita como uma alteração da absorvância de 0,01 como unidade por minuto.

2.11.1.2 Ensaio de peroxidase (POD)

Reagentes

- Tampão fosfato pH550mM
- Guaiacol20mM
- Peróxido de hidrogénio40mM
- Extrato enzimático / soro

Procedimento

Prepararam-se 3 ml de mistura de reação para o ensaio da peroxidase, adicionando tampão fosfato (2,5 ml), guaiacol (0,3 ml) e extrato enzimático/soro (0,1 ml). A mistura foi misturada vigorosamente até a solução se tornar homogénea e, em seguida, vertida na cuvete. Na fase final, foi adicionado peróxido de hidrogénio à mistura de reação. A alteração da absorvância da mistura reacional a 470 nm foi determinada após 1 minuto. A leitura foi efectuada três vezes para cada amostra, com um intervalo de tempo de 30 segundos. Uma unidade de atividade da peroxidase é descrita como uma alteração da absorvância de 0,01 unidade por minuto.

2.11.1.3 Ensaio de Glutatião Reduzido (GSH)

Reagentes

- Ácido 5,5'-ditio-bis-2-nitrobenzóico (DTNB)
- Tampão de hidrogenofosfato dissódico (Na2HPO4) 0,4M
- Amostra de soro/homogenato

Preparação de reagentes

O DTNB é também conhecido como Reagente de Ellman, tendo sido preparado misturando 40 mg de DTNB em 100 ml de Citrato Trissódico a 1%.

Procedimento

A mistura de reação foi preparada misturando a amostra de soro / homogenato (0,1 ml), o tampão hidrogenofosfato dissódico (1 ml) e o reagente DTNB (0,5 ml). A absorvância da cor amarela desenvolvida foi medida a 412 nm. Foram efectuadas três leituras para cada amostra e depois calculada a média.

Preparação da amostra

Os tecidos reprodutivos foram pesados e mantidos durante a noite em ácido nítrico puro a 69 % (VWR) para digestão. A 0,5 gm/ml de tecido, foram adicionados 10 ml de HNO3 em tubos de ensaio. As amostras pré-digeridas foram homogeneizadas num sistema de reação acelerada por micro-ondas (CEM MARS-5, Carolina do Norte, Estados Unidos) até se formar uma solução límpida. A temperatura máxima foi fixada em 160±5^0 C durante dez minutos a uma potência de 1200 watts. Após a digestão por micro-ondas, as amostras de tecido foram filtradas a frio através de papel de filtro Wattman de 125 mm e o volume final de cada um dos filtrados foi completado até 25 ml com água destilada. Nesta fase, as amostras estavam prontas para a espetrofotometria de absorção atómica.

2.13 Espectrofotometria de absorção atómica com chama (FAAS).

Para medir a concentração de diferentes elementos em vários tecidos do corpo, a espetrofotometria de absorção atómica com chama (FAAS) é considerada um dos métodos mais convenientes e precisos. O princípio deste método baseia-se no facto de o metal em causa passar primeiro ao estado atómico através de um ajuste adequado da chama de acetileno. Para a análise de cada metal, é necessário um comprimento de onda de luz específico e a luz absorvida por esse metal é medida em relação à curva padrão, representando o instrumento a concentração de um determinado metal.

2.13.1 Princípio básico da técnica e do procedimento de ensaio

A espetrofotometria de absorção atómica com chama (FAAS) é um método simples que utiliza uma amostra líquida que é aspirada, vaporizada e misturada com gases combustíveis como o acetileno, o ar e o óxido nitroso. A mistura é incendiada numa chama cuja temperatura varia entre 2100 e 2800^0 C. Durante a combustão, os metais são reduzidos à forma livre e os elementos em causa não excitados absorvem luz num comprimento de onda específico.

Para cada elemento existe uma lâmpada de cátodo oco específica e a sua precisão é de 0,01-0,1 nm. O cátodo da lâmpada é feito do elemento cuja concentração deve ser determinada na amostra. A lâmpada emite luz com um comprimento de onda específico, que passa através da chama. Seleciona-se então a lâmpada de cátodo oco adequada para a análise de cada elemento e deixa-se aquecer durante alguns minutos. Entretanto, ajusta-se o instrumento para a análise colocando o monocromático na posição correta do comprimento de onda exato, seleciona-se a largura de fenda adequada e ajusta-se a corrente fornecida à lâmpada de cátodo oco de acordo com as recomendações do fabricante. O ar-acetileno é o tipo de chama utilizado para todos os tipos de análise elementar.

2.13.2 Preparação da solução padrão para a determinação das concentrações de metais e minerais

Aplicando o método unitário, foram preparadas soluções padrão de cada sal metálico com uma concentração de 1000 ppm, adicionando 1g/L ou 0,1 g/100 ml de sal em água destilada. Uma vez que 1 mg/L é igual a 1000 ppm, foram preparadas soluções-padrão de concentrações conhecidas através da aplicação do método unitário. Para calibrar o instrumento, foram efectuadas diluições adicionais de 2,5 ppm a 10 ppm a partir da solução de reserva, de acordo com a seguinte fórmula

N1V1 = N2V2

Onde N1 é a normalidade de uma solução de reserva que é conhecida como 1000 ppm, V1 é o volume de solução de reserva necessário para a preparação de padrões de diferentes concentrações, N2 e V2 são a normalidade e o volume necessários, respetivamente.

2.13.3 Parâmetros instrumentais para análise elementar

Os comprimentos de onda que foram ajustados para a concentração de metais vestigiais e minerais essenciais em amostras de tecido específicas foram os seguintes

Elementos	**Comprimento de onda (nm)**	**Limite de deteção (µg/L)**
Crómio	357.9	4.0
Cobre	324.7	3.0
Ferro	248.3	6.0
Manganês	279.5	2.0
Níquel	232.0	10.0
Zinco	213.9	1.0
Magnésio	285.3	0.3
Cálcio	422.7	0.1
Potássio	766.5	0.3
Sódio	589.0	0.2

2.13.4 Determinação da concentração de metais e minerais

A concentração de metais e minerais foi determinada por espetrofotometria de absorção atómica utilizando o espetrofotómetro AA240FS. Na primeira fase, foram preparadas soluções padrão de concentrações variáveis para o elemento a determinar e, em seguida, foram estabelecidas curvas de calibração.

As amostras de sangue e de tecido selecionadas foram submetidas a um espetrofotómetro de absorção atómica de chama sequencial rápida de ar/acetileno (Varian, AA240 FS, e EUA). Foram determinadas as concentrações de diferentes metais, incluindo o cobre (Cu), o zinco (Zn), o manganês (Mn), o níquel (Ni), o ferro (Fe), o crómio (Cr) e os minerais essenciais da dieta, que incluem o magnésio (Mg), o cálcio (Ca), o potássio (K) e o sódio (Na). Essas concentrações assim obtidas foram em ppm (mg/L) e depois convertidas em µg/ml ou µg/g de tecido usando a seguinte fórmula:

Concentração de metal (µg/ml) = Concentração de metal (ppm) × Volume final da solução

Peso/volume da amostra

2.14 Análise estatística

Os dados são apresentados como média ± SEM (erro padrão da média). Foi aplicada uma análise de variância (ANOVA) unidirecional utilizando o gráfico Sigma (Versão 12.0, Califórnia, EUA) para comparar os grupos tratados com os grupos de controlo, tendo sido aplicado o teste de Tukey para a comparação entre os diferentes grupos de tratamento. $P < 0,05$ foi considerado como diferença estatisticamente significativa

CAPÍTULO 3
RESULTADOS

3.1 Peso corporal e peso dos órgãos reprodutores de ratos machos após administração aguda de extrato de *Coriandrum sativum L.*

Não foram observadas alterações significativas no peso do corpo e dos órgãos reprodutores dos ratos machos dos grupos tratados quando comparados com os dos ratos do grupo de controlo no final da experiência.

3.2 Concentração de testosterona sérica (ng/ml)

A concentração sérica de testosterona (ng/ml) nos ratos tratados com uma dose elevada (4000 mg/kg) de extrato de *coentros sativum L.* mostrou uma diminuição significativa ($p<0,05$) em comparação com o controlo. No grupo de dose baixa (2000 mg/kg), ocorreu uma diminuição não significativa em comparação com o controlo. Na comparação intergrupos, não foi observado qualquer efeito significativo na dose elevada em comparação com a dose baixa (Fig. 3.1).

3.3 Alterações histomorfológicas nos órgãos reprodutores

3.3.1 Alterações histomorfológicas nos testículos

Os testículos do rato de controlo mostraram uma histomorfologia normal e túbulos seminíferos normais com contorno regular em comparação com os grupos de tratamento (Fig. 3.2 A,B). Foram encontradas alterações histomorfológicas significativas na arquitetura testicular do grupo de tratamento agudo de dose baixa e alta (Fig. 3.2 C,D). As células de leydig também não eram proeminentes. O grupo exposto a altas doses agudas mostrou delineamento de espermatogónias e espermatócitos da membrana basal. Também foram observadas células seminíferas atípicas (Fig. 3.2 E,F).

3.3.2 Alterações histomorfológicas do epidídimo

O epidídimo do controlo mostrou uma histomorfologia normal (Fig. 3.3 A, B). Foram encontradas alterações histomorfológicas significativas na arquitetura epididimária do grupo de tratamento agudo de dose baixa e alta. O grupo de tratamento de dose baixa e alta mostrou células epididimárias contendo um número menor de espermatozóides com pouca irregularidade nas células epiteliais. Também foram observadas células agregadas. Foram observadas células anormais encolhidas e dobradas para dentro. Foi observada uma altura epitelial aumentada com tamanho nuclear normal (Fig. 3.3 C, D, E, F).

3.3.3 Alterações histomorfológicas da vesícula seminal

A vesícula seminal do controlo apresentou uma histomorfologia normal (Fig. 3.4 A, B). Foram encontradas alterações histomorfológicas significativas na arquitetura da vesícula seminal do grupo de tratamento agudo com doses baixas e altas. Os grupos tratados com doses baixas e altas apresentaram uma lâmina própria dobrada, uma lâmina basal espessada, células agregadas e uma membrana espessada da vesícula seminal (Fig. 3.4 C, D, E, F).

3.3.4 Alterações histomorfológicas na próstata

A próstata do controlo apresentou uma histomorfologia normal (Fig. 3.5 A,B). Foram encontradas alterações histomorfológicas significativas na arquitetura da próstata do grupo de tratamento agudo com doses baixas e altas. O grupo de tratamento com doses baixas e altas mostrou rutura e perturbação da lâmina basal, desorganização do tecido e processamento e dobragem irregulares (Fig. 3.5 C, D, E, F).

3.4 Contagem de espermatozóides

A contagem de espermatozóides na parte caudal do epidídimo ($p<0,001$) mostrou uma diminuição significativa na dose elevada (4000 mg/kg) do grupo tratado com *Coriandrum sativum L.* em comparação com o controlo. No grupo de dose baixa (2000 mg/kg), houve uma diminuição significativa ($p<0,001$) em comparação com o controlo. Na comparação intergrupos, não foi observada uma diminuição significativa na dose elevada em comparação com a dose baixa (Fig. 3.6).

3.5 Estado do stress oxidativo a níveis de ROS no tecido testicular

O nível de ROS no testículo em dose elevada não mostrou uma diminuição significativa em comparação com o controlo. Na dose baixa, foi observado um aumento significativo ($p<0,001$) em comparação com o controlo. Na comparação intergrupos, o valor de ROS no testículo ($p<0,01$) mostrou uma diminuição significativa na dose elevada em comparação com a dose baixa (Fig. 3.7).

3.6 Estimativa dos níveis de substâncias reactivas ao ácido tiobarbitúrico (T-BARS) no testículo

O nível de T-BARS no testículo a uma dose elevada mostrou uma diminuição não significativa em comparação com o controlo. Na dose baixa, foi observado um aumento não significativo em comparação com o controlo. Na comparação intergrupos, foi observada uma diminuição não significativa na dose elevada em comparação com a dose baixa (Fig. 3.8).

3.7 Estimativa da atividade da catalase (CAT) no testículo

O nível de atividade da CAT em doses elevadas não mostrou diferenças significativas em comparação com o controlo. Quando os ratos foram tratados com uma dose baixa de coentros, verificou-se um aumento significativo dos níveis de CAT nos testículos ($p<0,05$) em comparação com o controlo. Na comparação intergrupos, o valor da CAT no testículo ($p<0,05$) na dose elevada mostrou uma diminuição significativa em comparação com a dose baixa (Fig. 3.9).

3.8 Estimativa da atividade da Superóxido Dismutase (SOD) no testículo

O nível de atividade da SOD nos testículos dos grupos de dose elevada e de dose baixa apresentou uma diminuição não significativa em comparação com o controlo. Na comparação intergrupos, o valor de SOD na dose elevada mostrou um aumento não significativo em comparação com a dose baixa (Fig. 3.10).

3.9 Estimativa da atividade da peroxidase (POD) no testículo

A atividade da POD em doses elevadas mostrou uma diminuição não significativa em comparação com o controlo. No grupo de dose baixa, verificou-se uma diminuição significativa nos testículos ($p<0,05$) em comparação com o controlo. Na comparação intergrupos, o valor de POD do testículo na dose elevada mostrou uma diminuição não significativa em comparação com a dose baixa (Fig. 3.11).

3.10 Estimativa da atividade da Glutationa Redutora (GSH) no Testículo

O nível de atividade de GSH em doses elevadas mostrou uma diminuição não significativa em comparação com o controlo. No grupo de dose baixa, foi observado um aumento não significativo em comparação com o controlo. Na comparação intergrupos, o valor de GSH do testículo ($p<0,05$) na dose elevada mostrou uma diminuição significativa em comparação com a dose baixa (Fig. 3.12).

3.11 Concentração de metais vestigiais no sangue total e em tecidos selectivos do corpo de ratos machos tratados com administração oral aguda de *Coriandrum sativum L.*

A concentração de metais vestigiais foi significativamente diferente nos grupos de *Coriandrum sativum L.* tratados com doses baixas (2000 mg/kg) e altas (4000 mg/kg).

3.11.1 Cobre

Quando os ratos foram tratados com uma dose elevada de coentros, observou-se uma diminuição significativa da concentração de Cu apenas no tecido da próstata ($p<0,01$) em comparação com o controlo, enquanto não se observou qualquer alteração significativa no sangue, nos testículos, no epidídimo e na vesícula seminal. Em contraste, no grupo de dose baixa, a concentração de Cu aumentou no testículo ($p<0,05$) e no epidídimo ($P<0,001$) em comparação com o controlo, enquanto não se observaram alterações no sangue, na vesícula seminal e na próstata.

Comparação intergrupos, a concentração de cobre no sangue ($p<0,001$), testículo ($p<0,05$), epidídimo ($p<0,001$) e próstata ($p<0,001$) mostrou uma diminuição significativa em comparação com a dose baixa, não tendo sido observada qualquer diferença significativa na vesícula seminal (Fig. 3.13).

3.11.2 Ferro

A concentração de ferro nos grupos de dose elevada e de dose baixa não mostrou diferenças significativas no sangue, testículo, epidídimo, vesícula seminal e próstata em comparação com o controlo. A dose elevada comparada com o grupo de dose baixa não mostrou alterações significativas no sangue, testículo, epidídimo, vesícula seminal e próstata (Fig. 3.14).

3.11.3 Manganês

Quando os ratos foram tratados com uma dose elevada de coentros, observou-se uma diminuição significativa da concentração de Mn apenas no tecido da próstata ($p<0,05$) em comparação com o controlo, enquanto não se observou qualquer alteração significativa no sangue, testículo, epidídimo e vesícula seminal. Em contraste, no grupo de dose baixa, a concentração de Mn não encontrou diferenças significativas no sangue, testículo, epidídimo, vesícula seminal e próstata em comparação com o controlo.

Na comparação intergrupos, não foi observada qualquer diferença significativa no sangue, testículo, epidídimo, vesícula seminal e próstata na dose elevada em comparação com a dose baixa (Fig. 3.15).

3.11.4 Níquel

No grupo de dose elevada, a concentração de níquel nos tecidos do epidídimo ($p<0,001$), da vesícula seminal ($p<0,05$) e da próstata ($p<0,05$) apresentou uma diminuição significativa em comparação com o controlo, enquanto não se observou qualquer diferença significativa no sangue e no testículo. A concentração de níquel no testículo ($p<0,05$) e no epidídimo ($p<0,05$) no grupo de dose baixa de extrato de coentros apresentou um aumento significativo em comparação com o controlo. A concentração de níquel no sangue ($p<0,05$), nos testículos ($p<0,001$) e nas vesículas seminais ($p<0,05$) apresentou uma diminuição significativa no grupo de dose elevada em comparação com o grupo de dose baixa (Fig. 3.16).

3.11.5 Zinco

Quando os ratos foram tratados com uma dose elevada de coentros, não se observou uma diferença significativa na concentração de Zn no sangue, nos testículos, no epidídimo, na vesícula seminal e nos tecidos da próstata, em comparação com o controlo. Em contrapartida, no grupo de dose baixa, a concentração de Zn registou uma diminuição significativa no tecido dos testículos ($p<0,05$) em comparação com o controlo, enquanto não se observou qualquer diferença significativa no sangue, epidídimo, vesícula seminal e próstata. A concentração de zinco nos testículos ($p<0,05$) mostrou um aumento significativo no grupo de dose elevada em comparação com o grupo de dose baixa (Fig. 3.17).

3.11.6 Magnésio

Em doses elevadas, a concentração de Mg no sangue ($p<0,001$), nos testículos ($p<0,05$), no epidídimo ($p<0,05$), na vesícula seminal ($p<0,05$) e na próstata ($p<0,05$) diminuiu significativamente em comparação com o controlo. A concentração de magnésio no sangue ($p<0,05$) no grupo de dose baixa mostrou uma diminuição significativa em comparação com o controlo, sem efeito significativo no testículo, epidídimo, vesícula seminal e próstata. A concentração de Mg no sangue ($p<0,001$) mostrou uma diminuição significativa no grupo de dose elevada em comparação com o grupo de dose baixa, enquanto não foi observada qualquer diferença significativa no testículo, epidídimo, vesícula seminal e próstata (Fig. 3.18).

3.11.7 Cálcio

No grupo de dose elevada de coentros, a concentração de Ca nos testículos ($p<0,05$) mostrou um aumento significativo em comparação com o controlo, enquanto não foi observada qualquer diferença significativa no sangue, epidídimo, vesícula seminal e tecidos da próstata. A concentração de cálcio no sangue ($p<0,05$), nos testículos ($p<0,050$), no epidídimo ($p<0,05$), na vesícula seminal ($p<0,05$) e na próstata ($p<0,001$) a uma dose baixa mostrou um aumento significativo em comparação com o controlo. A concentração de cálcio no epidídimo ($p<0,05$), na vesícula seminal ($p<0,05$) e na próstata ($p<0,001$) apresentou uma diminuição significativa na dose elevada em comparação com o grupo de dose baixa de coentros, como se mostra na (Fig. 3.19).

3.11.8 Potássio

Quando os ratos foram tratados com uma dose elevada de coentros, observou-se um aumento significativo da concentração de K no epidídimo ($p<0,05$), na vesícula seminal ($p<0,05$) e na próstata ($p<0,05$) em comparação com o controlo, enquanto não se observaram alterações significativas no sangue e no testículo. Em contrapartida, no grupo de dose baixa, a concentração de K aumentou significativamente no sangue ($p<0,05$), no testículo ($p<0,050$), no epidídimo ($p<0,05$), na vesícula seminal ($p<0,05$) e na próstata ($p<0,05$) em comparação com o controlo. A concentração de potássio na vesícula seminal ($p<0,05$) e na próstata ($p<0,001$) apresentou uma diminuição significativa no grupo de dose elevada em comparação com o grupo de dose baixa, como se mostra na Fig. 3.20.

3.11.9 Sódio

A concentração de Na na vesícula seminal ($p<0,05$) e na próstata ($p<0,05$) no grupo de tratamento de dose elevada mostrou uma diminuição significativa em comparação com o controlo, enquanto não se observou qualquer efeito significativo no sangue, testículo e epidídimo. Em contraste, no grupo de dose baixa de coentros, verificou-se um aumento significativo no sangue ($p<0,05$) em comparação com o controlo, enquanto não se observou qualquer diferença significativa no testículo, epidídimo, vesícula seminal e próstata. Os tecidos do sangue ($p<0,05$), da vesícula seminal ($p<0,05$) e da próstata ($p<0,05$) apresentaram uma diminuição significativa no grupo de dose elevada em comparação com o grupo de dose baixa (Fig. 3.21).

3.11.10 Crómio

No grupo de dose elevada de extrato de coentros, a concentração de Cr no sangue ($p<0,05$), testículo ($p<0,050$), epidídimo ($p<0,05$), vesícula seminal ($p<0,05$) e tecidos da próstata ($p<0,05$) apresentou uma diminuição significativa em comparação com o controlo. A concentração de crómio no grupo de dose baixa não mostrou efeitos significativos no sangue, testículo, epidídimo, vesícula seminal e tecidos da próstata, em comparação com o controlo. Não foram encontradas diferenças significativas no sangue, testículo, epidídimo, vesícula seminal e tecidos da próstata no grupo de dose elevada em comparação com o grupo de dose baixa (Fig. 3.22).

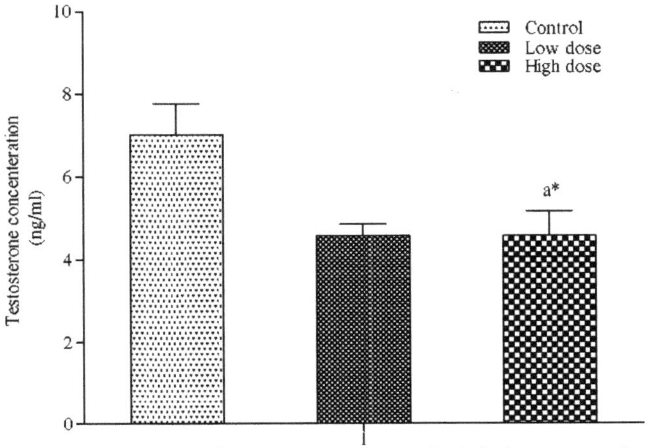

Fig. 3.1 Concentração de testosterona no soro (ng/ml) de ratos tratados com administração oral aguda de extrato de *Coriandrum sativum L.* em doses baixas (2000 mg/kg) e altas (4000 mg/kg). Observou-se uma diminuição significativa na concentração de testosterona sérica no tecido do testículo no grupo experimental de dose baixa em comparação com o controlo.

a = Comparação com o controlo

* = p<0.05

Fig. 3.2Fotomicrografias de testículos de *ratos* tratados com doses agudas mostrando alterações histopatológicas. **A, B)** Secção normal do testículo (5X, 20X).**C, D)** Grupo tratado com dose baixa (5X, 20X) mostrando lúmen alargado (WD). **E, F)** Grupo tratado com dose elevada (5X, 20X) mostrando um número reduzido de espermatogónias (RSG) e células ledig (LC)

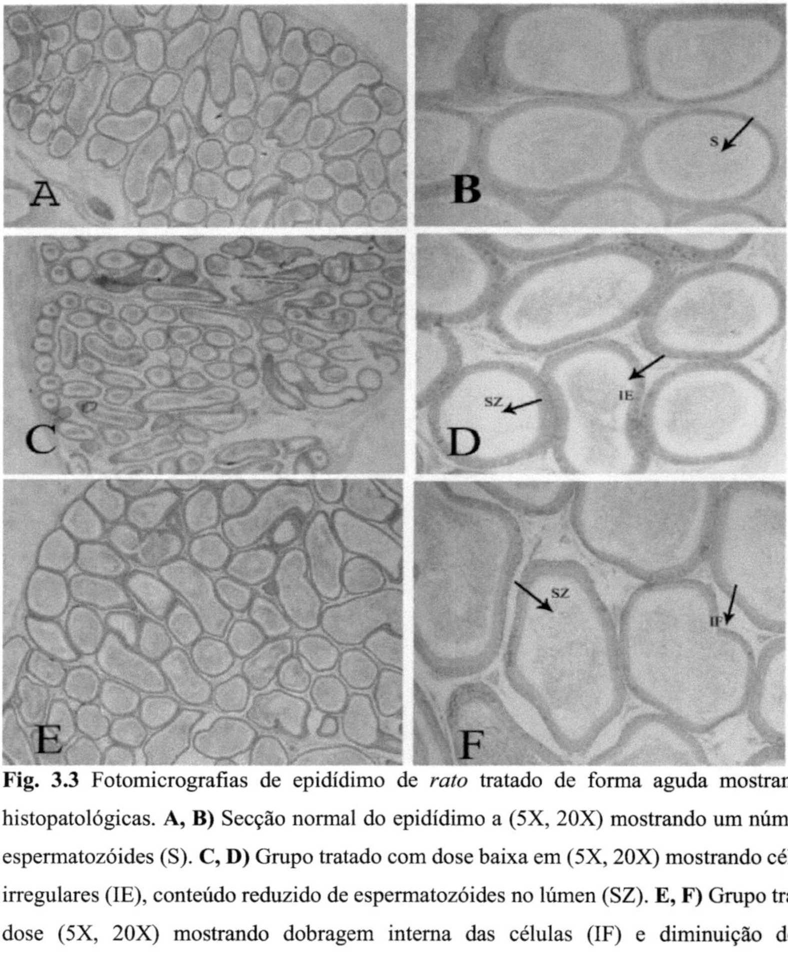

Fig. 3.3 Fotomicrografias de epidídimo de *rato* tratado de forma aguda mostrando alterações histopatológicas. **A, B)** Secção normal do epidídimo a (5X, 20X) mostrando um número normal de espermatozóides (S). **C, D)** Grupo tratado com dose baixa em (5X, 20X) mostrando células epiteliais irregulares (IE), conteúdo reduzido de espermatozóides no lúmen (SZ). **E, F)** Grupo tratado com alta dose (5X, 20X) mostrando dobragem interna das células (IF) e diminuição do número de espermatozóides (SZ)

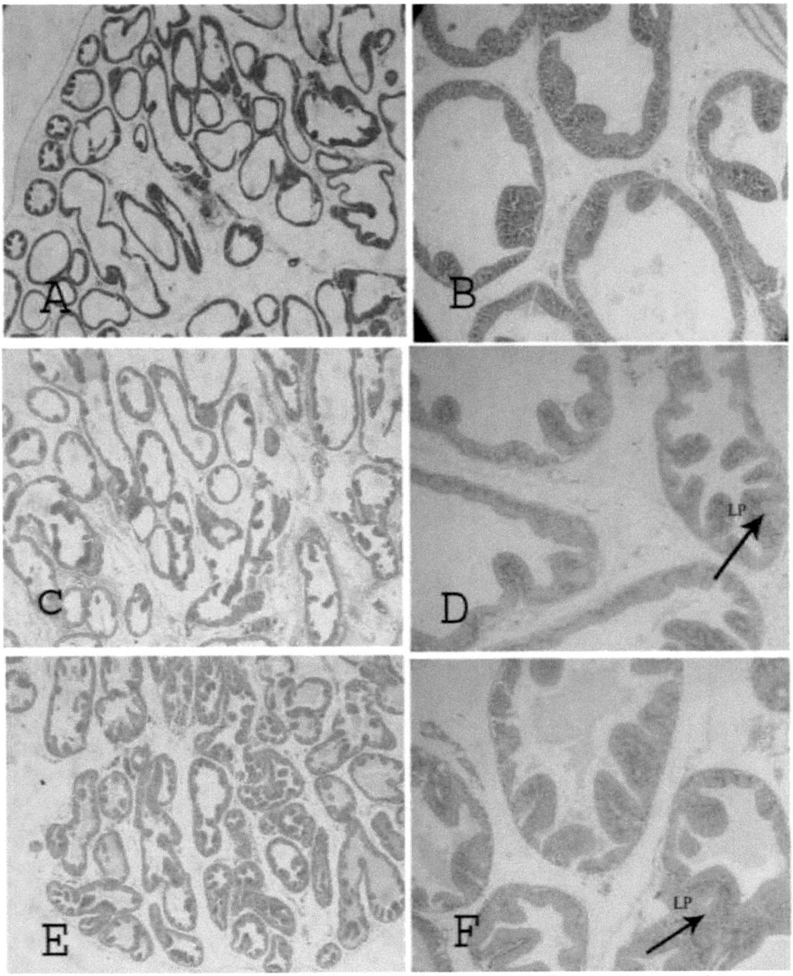

Fig. 3.4 Fotomicrografias de vesícula seminal de *rato* tratada com dose aguda mostrando alterações histopatológicas. **A, B)** Secção normal da vesícula seminal (5X, 20X). **C,**

D) Grupo tratado com dose baixa em (5X, 20X) mostrando lâmina própria (LP) espessada e dobrada. **E, F)** Grupo tratado com alta dose (5X, 20X) mostrando lâmina própria (LP) dobrada.

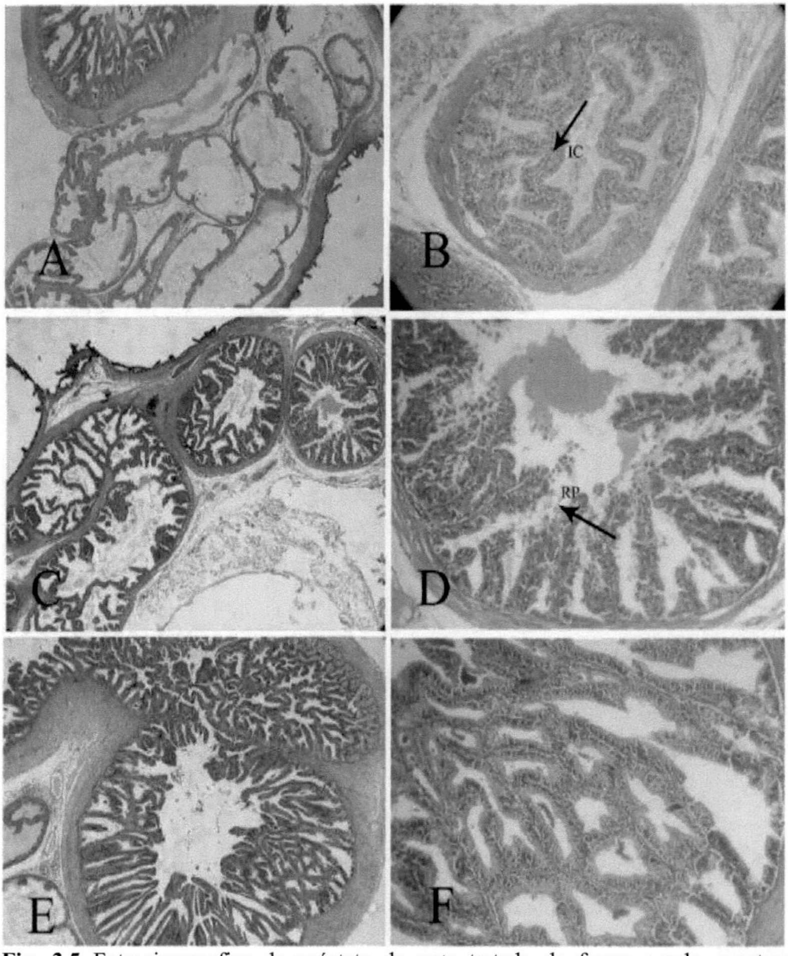

Fig. 3.5 Fotomicrografias de próstata de *rato* tratada de forma aguda, mostrando alterações histopatológicas. **A, B)** Secção normal da próstata (5X, 20X) mostrando células epiteliais intactas (IC). **C, D)** Grupo tratado com dose baixa (5X, 20X) mostrando células rompidas (RP). **E, F)** Grupo tratado com dose elevada (5X, 20X).

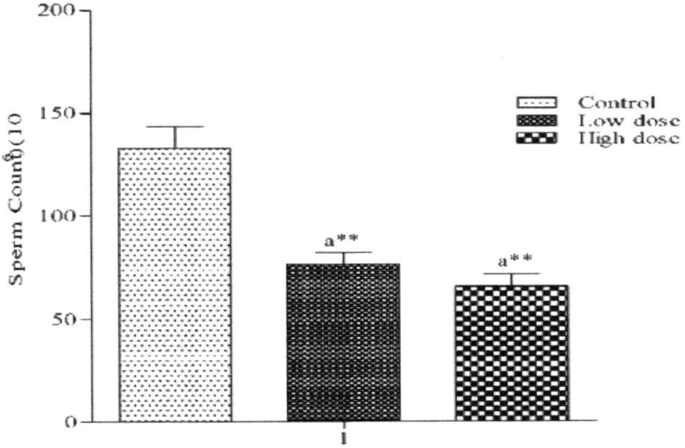

Fig. 3.6 Contagem de espermatozóides no epidídimo de ratos tratados com administração oral aguda de extrato de *Coriandrum sativum L.* em doses baixas (2000 mg/kg) e altas (4000 mg/kg).

Foi observada uma diminuição significativa na contagem de espermatozóides no tecido epididimário nos grupos experimentais de dose baixa e alta em comparação com o controlo.

a = Comparação com o controlo

1 = p<0.05

2 * = p<0,01 a 0,001

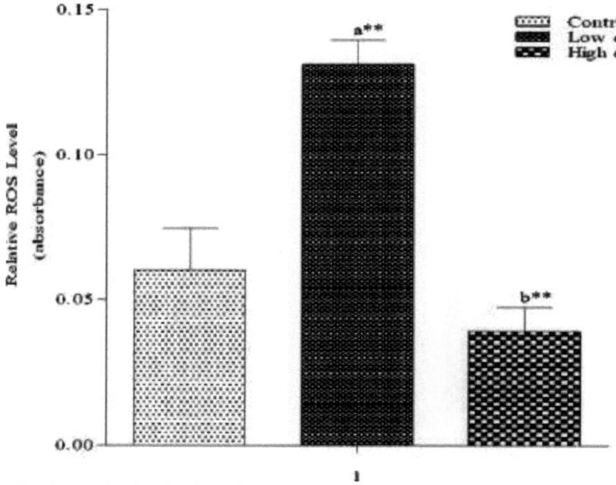

Fig 3.7 Nível relativo de ROS (absorvância) nos tecidos testiculares de ratos machos tratados com administração oral aguda de extrato de *Coriandrum sativum L.* em doses baixas (2000 mg/kg) e altas (4000 mg/kg).

Foi observado um aumento significativo nos testículos no grupo de dose baixa em comparação com o controlo. Foi encontrada uma diminuição significativa no grupo de dose elevada em comparação com o grupo de dose baixa.

a=comparação com o controlo.

b=comparação entre grupos de dose

*= p<0.05

**= p<0,01 a 0,001

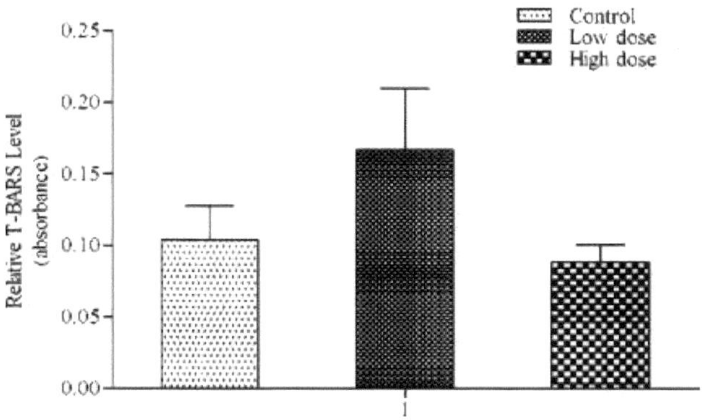

Fig 3.8 Nível relativo de T-BARS (absorvância) nos tecidos testiculares de ratos machos tratados com administração oral aguda de extrato de *Coriandrum sativum L.* em doses baixas (2000 mg/kg) e altas (4000 mg/kg).

Não foram observadas diferenças significativas entre os grupos de tratamento.

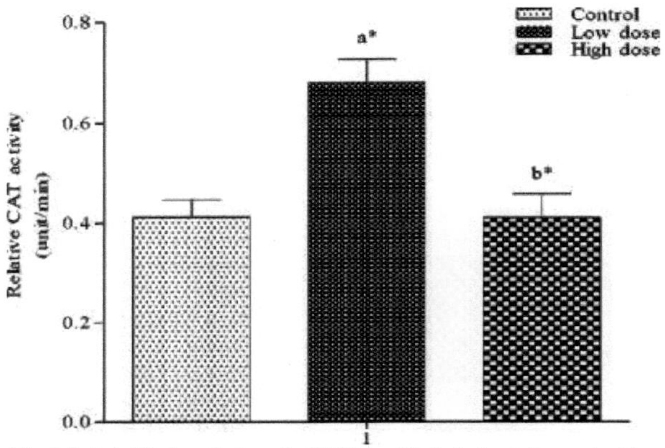

Fig 3.9 Atividade relativa da CAT (unidade/minuto) nos tecidos testiculares de ratos machos tratados com administração oral aguda de extrato de *Coriandrum sativum L.* em doses baixas (2000 mg/kg) e altas (4000 mg/kg).

Foi observado um aumento significativo no grupo de dose baixa em comparação com o controlo. E uma diminuição significativa foi encontrada na dose alta em comparação com o grupo de dose baixa.

a=comparação com o controlo.

b=comparação entre grupos de dose

*= $p<0.05$

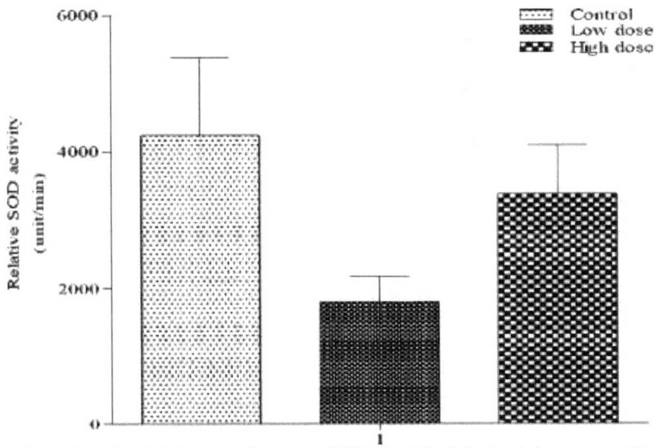

Fig 3.10 Atividade relativa da SOD (unidade/minuto) nos tecidos testiculares de ratos machos tratados com administração oral aguda de extrato de *Coriandrum sativum L.* em doses baixas (2000 mg/kg) e altas (4000 mg/kg).

Não foram observadas diferenças significativas nos grupos tratados.

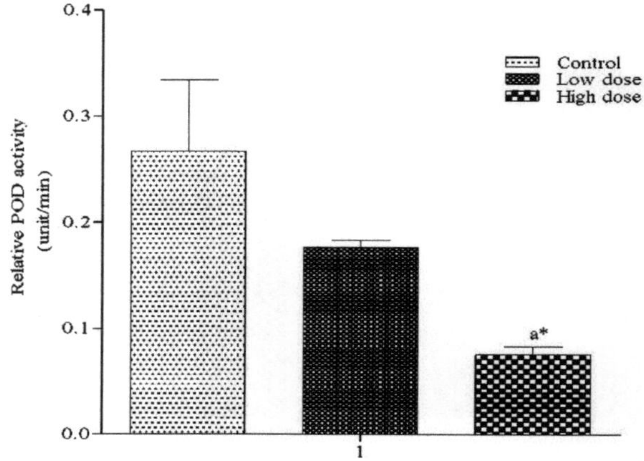

Fig 3.11 Atividade relativa da POD (unidade/minuto) nos tecidos testiculares de ratos machos tratados com administração oral aguda de extrato de *Coriandrum sativum L.* em doses baixas (2000 mg/kg) e altas (4000 mg/kg).

Foi observada uma diminuição significativa no grupo de dose elevada em comparação com o controlo.

a=comparação com o controlo.

*= $p<0.05$

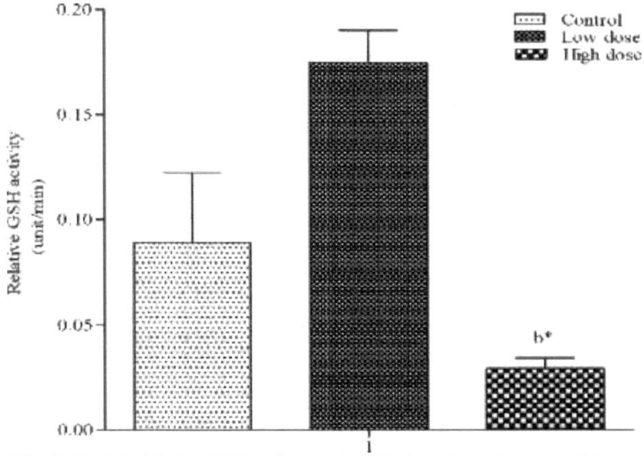

Fig 3.12 Atividade GSH relativa (unidade/minuto) em tecidos testiculares de ratos machos tratados com administração oral aguda de extrato de *Coriandrum sativum L.* em doses (2000 mg/kg) e elevadas (4000 mg/kg).

Foi observada uma diminuição significativa no grupo de dose elevada em comparação com o grupo de dose baixa.

b=comparação entre grupos de dose

*= $p<0.05$

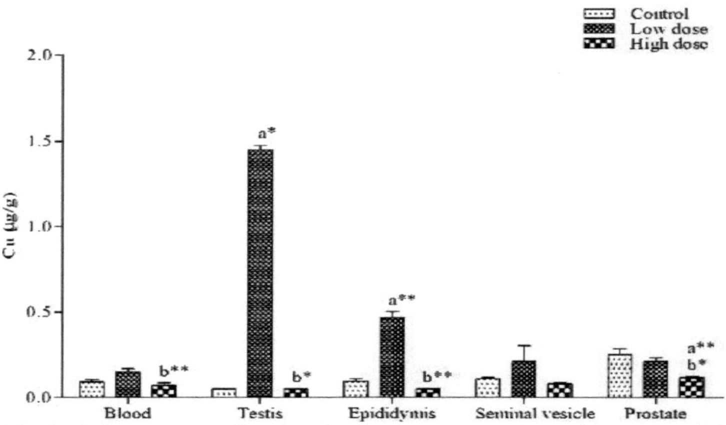

Fig. 3.13 Concentração de cobre (µg/g) no sangue total e tecidos corporais selecionados de ratos machos tratados com administração oral aguda de extrato de *Coriandrum sativum L.* em doses baixas (2000 mg/kg) e altas (4000 mg/kg).

Foi observado um aumento significativo no testículo e no epidídimo no grupo de dose baixa, enquanto que foi observada uma diminuição significativa na próstata no grupo de dose alta, em comparação com o controlo.

a = Comparação com o controlo

b = Comparação entre grupos de dose

* = $p<0.05$

* * = p<0,01 a 0,001

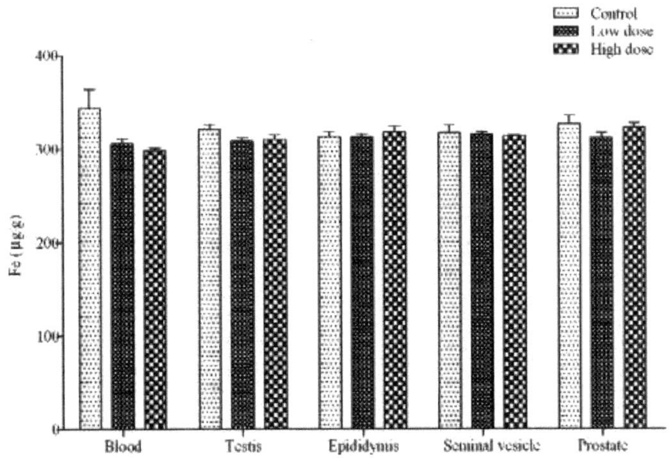

Fig. 3.14 Concentração de ferro (µg/g) no sangue total e tecidos corporais selecionados de ratos machos tratados com administração oral aguda de extrato de *Coriandrum sativum L.* em doses baixas (2000 mg/kg) e altas (4000 mg/kg).

Não foram observadas diferenças significativas nos grupos tratados.

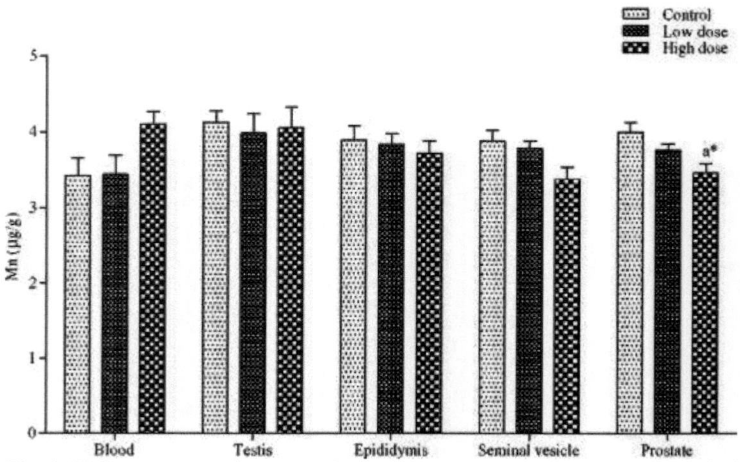

Fig. 3.15 Concentração de manganês (µg/g) no sangue total e em tecidos selecionados do corpo de ratos machos tratados com administração oral aguda de extrato de *Coriandrum sativum L.* em doses baixas (2000 mg/kg) e altas (4000 mg/kg).

Foi observada uma diminuição significativa no tecido da próstata com uma dose elevada, em comparação com o controlo.

a= Comparação com o controlo

1 = p<0.05

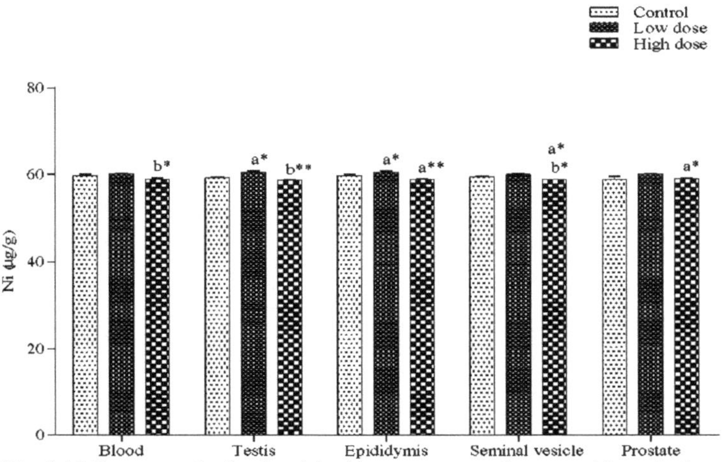

Fig. 3.16 Concentração de níquel (µg/g) no sangue total e em tecidos selecionados do corpo de ratos machos tratados com administração oral aguda de extrato de *Coriandrum sativum L.* em doses baixas (2000mg/kg) e altas (4000 mg/kg).

Verificou-se um aumento significativo no testículo e no epidídimo com uma dose baixa, enquanto que com uma dose elevada se observou uma diminuição significativa no epidídimo, na vesícula seminal e na próstata, em comparação com o controlo.

a = Comparação com o controlo

b = Comparação entre grupos de dose

2 = $p<0.05$

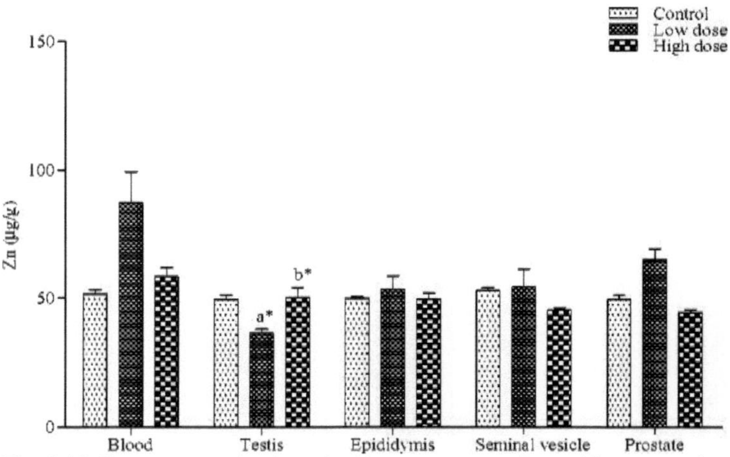

Fig. 3.17 Concentração de zinco (µg/g) no sangue total e tecidos corporais selecionados de ratos machos tratados com administração oral aguda de extrato de *Coriandrum sativum L.* em doses baixas (2000 mg/kg) e altas (4000 mg/kg).

Observou-se uma diminuição significativa nos testículos no grupo de dose baixa em comparação com o controlo

a = Comparação com o controlo

b = Comparação entre grupos de dose

3 = $p<0.05$

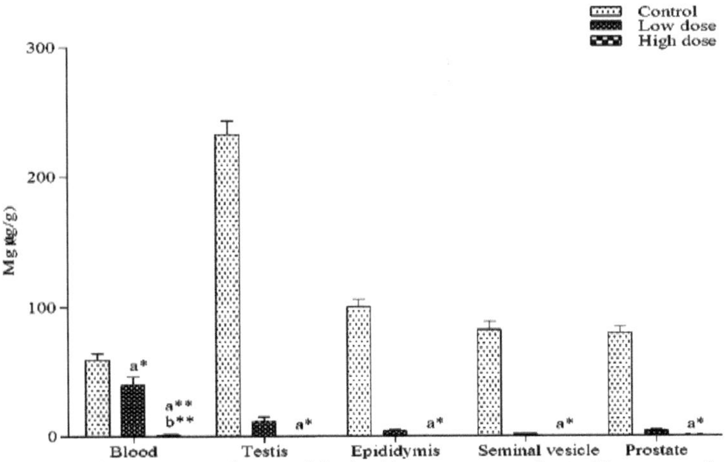

Fig. 3.18 Concentração de magnésio (µg/g) no sangue total e tecidos corporais selecionados de ratos machos tratados com administração oral aguda de extrato de *Coriandrum sativum* L. em doses baixas (2000 mg/kg) e altas (4000 mg/kg).

Foi observada uma diminuição significativa no sangue a uma dose baixa, enquanto que a uma dose elevada foi observada uma diminuição significativa no sangue, testículos e órgãos reprodutores acessórios em comparação com o controlo.

a = Comparação com o controlo

b = Comparação entre grupos de dose

4 = p<0.05

5 * = p<0,01 a 0,001

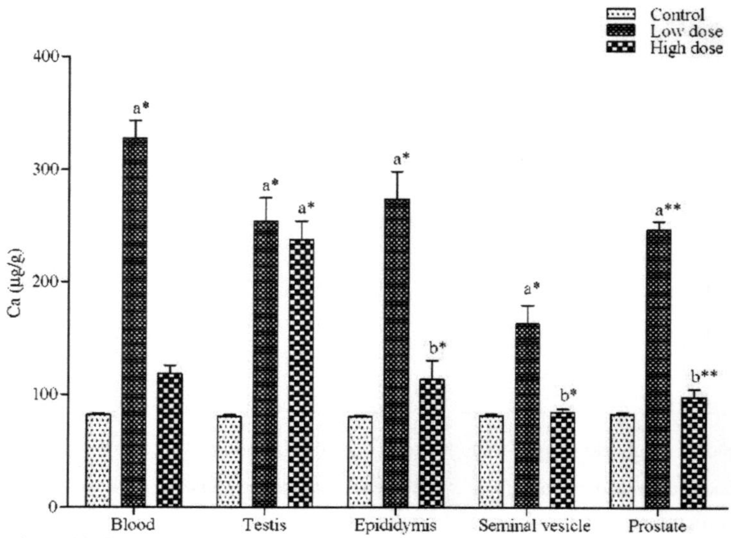

Fig. 3.19 Concentração de cálcio (μg/g) no sangue total e tecidos corporais selecionados de ratos machos tratados com administração oral aguda de extrato de *Coriandrum sativum L.* em doses baixas (2000 mg/kg) e altas (4000 mg/kg).

Foi observado um aumento significativo no sangue, testículo, epidídimo, vesícula seminal e próstata no grupo de dose baixa, enquanto que no grupo de tratamento de dose alta foi observado um aumento significativo apenas no testículo.

a = Comparação com o controlo

b = Comparação entre grupos de dose

* = p<0.05

* * = p<0,01 a 0,001

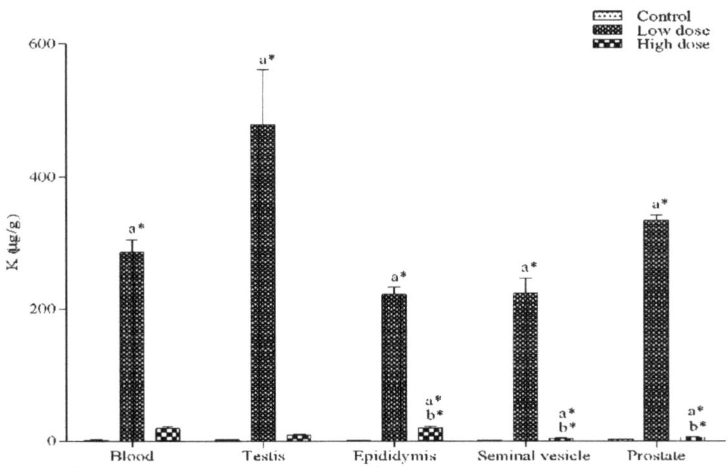

Fig. 3.20 Concentração de potássio (µg/g) no sangue total e em tecidos selecionados do corpo de ratos machos tratados com administração oral aguda de extrato de *Coriandrum sativum L.* em doses baixas (2000 mg/kg) e altas (4000 mg/kg)

Foi observado um aumento significativo no sangue, testículos e órgãos reprodutores acessórios no grupo de dose baixa, enquanto que no grupo de dose alta foi observado um aumento significativo no epidídimo, vesícula seminal e próstata em comparação com o controlo.

a = Comparação com o controlo

b = Comparação entre grupos de dose

* = $p<0.05$

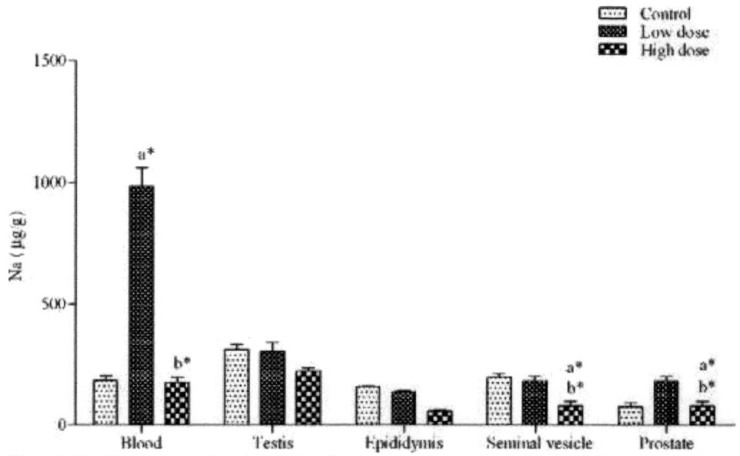

Fig. 3.21 Concentração de sódio (µg/g) no sangue total e tecidos corporais selecionados de ratos machos tratados com administração oral aguda de extrato de *Coriandrum sativum L.* em doses baixas (2000 mg/kg) e altas (4000 mg/kg).

Foi observado um aumento significativo no sangue a uma dose baixa, enquanto que foi observada uma diminuição significativa na vesícula seminal e na próstata a uma dose elevada, em comparação com o controlo.

a = Comparação com o controlo

b = Comparação entre grupos de dose

* = $p<0.05$

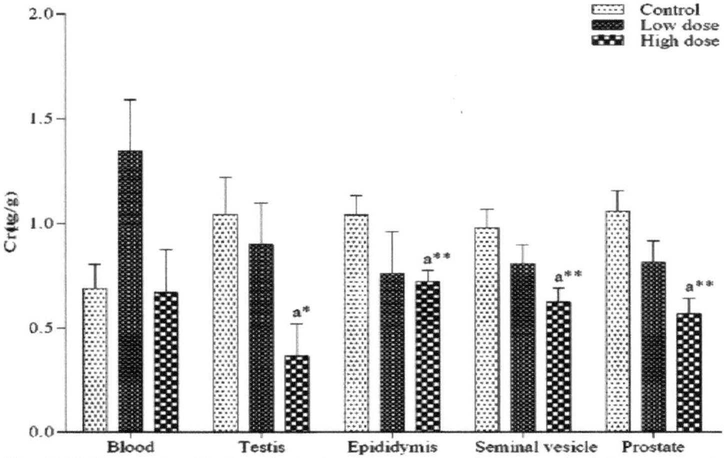

Fig. 3.22 Concentração de crómio (µg/g) no sangue total e em tecidos corporais selecionados de ratos machos tratados com administração oral aguda de extrato de *Coriandrum sativum* em doses baixas (2000 mg/kg) e altas (4000 mg/kg).

Foi observada uma diminuição significativa nos tecidos do testículo, epidídimo, vesícula seminal e próstata com uma dose elevada, em comparação com o controlo.

a = Comparação com o controlo

1 = $p<0.05$

2 * = $p<0,01$ a 0,001

3.12 Peso corporal e peso dos órgãos reprodutores de ratos machos após administração subaguda de extrato de *Coriandrum sativum L.*

Não foram observadas alterações significativas no peso do corpo e dos órgãos reprodutores dos ratos machos dos grupos tratados quando comparados com os dos ratos do grupo de controlo no final da experiência.

3.13 Concentração de testosterona sérica (ng/ml)

A concentração de testosterona sérica (ng/ml) nos ratos tratados com uma dose elevada (4000 mg/kg) de extrato de *coentros sativum* mostrou uma diminuição significativa ($p<0,05$) em comparação com o controlo. No grupo de dose baixa (2000 mg/kg) foi observada uma diminuição significativa ($p<0,05$) em comparação com o controlo. Na comparação intergrupos, não foi observada qualquer diferença significativa na dose elevada em comparação com a dose baixa (Fig. 3.23).

3.14 Alterações histomorfológicas nos testículos

Os testículos do controlo apresentaram uma histomorfologia normal (Fig. 3.24 A, B). Foram encontradas alterações histomorfológicas significativas na arquitetura do testículo do grupo de tratamento subagudo de dose baixa e alta (Fig. 3.24 C, D). O grupo de tratamento de dose baixa e alta mostrou um número reduzido de espermatozóides na área luminal com espaços luminais alargados. A integridade da membrana basal foi perdida. O espaço intersticial continha um número menor de células de leydig, mais espaços vazios, vasos sanguíneos congestionados, formas celulares irregulares e atrofia das células Foram observadas menos espermatogónias e espermatócitos com espaços aumentados (Fig. 3.24 E,F).

3.15 Alterações histomorfológicas do epidídimo

O epidídimo do controlo apresentou uma arquitetura normal (Fig. 3.25 A, B). Foram encontradas alterações histomorfológicas significativas na arquitetura do epidídimo do grupo de tratamento subagudo de dose baixa e alta. O grupo de tratamento de dose baixa e alta mostrou diminuição de espermatozóides no lúmen do epidídimo. Células com atipia também ocorreram (Fig. 3.25 C, D, E, F).

3.16 Alterações histomorfológicas da vesícula seminal

A vesícula seminal do controlo apresentou uma histomorfologia normal (Fig. 3.26 A, B). Foram encontradas alterações histomorfológicas significativas na arquitetura da vesícula seminal do grupo de tratamento subagudo de dose baixa e alta. Os grupos tratados com doses baixas e altas mostraram desorganizações teciduais e dobramento da lâmina própria com parede espessada, enquanto o grupo tratado com doses altas mostrou mais agregação de células em comparação com o grupo tratado com doses baixas (Fig. 3.26 C, D, E, F).

3.17 Alterações histomorfológicas na próstata

A próstata do controlo apresentou uma histomorfologia normal (Fig. 3.27 A,B). Foram encontradas alterações histomorfológicas significativas na arquitetura da próstata do grupo de tratamento subagudo de dose baixa e alta. O grupo de tratamento com doses baixas e altas mostrou adelgaçamento da lâmina própria, desordenamento e rutura excessivos do tecido, espessura reduzida e rutura da dobra laminal (Fig. 3.27 C, D, E, F)

3.18 Contagem de espermatozóides

A contagem de espermatozóides na parte cauda do epidídimo ($p<0{,}001$) mostrou uma diminuição significativa no grupo de dose elevada (4000mg/kg) em comparação com o controlo. No grupo de dose baixa (2000mg/kg) foi observada uma diminuição significativa ($p<0{,}001$) em comparação com o controlo. Na comparação intergrupos, foi observado um efeito não significativo na dose elevada em comparação com a dose baixa (Fig. 3.28).

3.19 Estado do stress oxidativo a níveis de ROS no testículo

O nível de ROS nos testículos a uma dose elevada de coentros mostrou um aumento não significativo em comparação com o controlo. Na dose baixa, o grupo tratado com 2000mg/kg de extrato de *coentros sativum L.* apresentou um aumento significativo nos testículos ($p<0{,}05$) em comparação com o controlo. Na comparação intergrupos, o ROS mostrou uma diminuição significativa no grupo de dose elevada em comparação com o grupo de dose baixa (Fig. 3.29).

3.20 Estimativa dos níveis de substâncias reactivas ao ácido tiobarbitúrico (T-BARS) no testículo

O nível de T-BARS no testículo com uma dose elevada de extrato de coentros mostrou um aumento não significativo em comparação com o controlo. No grupo tratado com dose baixa, observou-se um aumento não significativo em comparação com o controlo. Na comparação intergrupos, o valor de T-BARS no testículo mostrou uma diminuição não significativa em comparação com a dose baixa (Fig. 3.30).

3.21 Estimativa da atividade da catalase (CAT) no testículo

Quando os ratos foram tratados com doses altas e baixas de coentros, não se observou uma diminuição significativa dos níveis de CAT no testículo em comparação com o controlo. Na comparação intergrupos, o valor CAT na dose elevada não mostrou uma diminuição significativa em comparação com a dose baixa (Fig. 3.31).

3.22 Estimativa da atividade da Superóxido Dismutase (SOD) nos testículos

O nível de SOD nos testículos dos grupos de dose alta e baixa não apresentou um aumento significativo em comparação com o controlo. Na comparação intergrupos, o valor de SOD do testículo na dose alta não mostrou uma diminuição significativa em comparação com a dose baixa (Fig. 3.32).

3.23 Estimativa da atividade da peroxidase (POD) no testículo

O nível de atividade da POD nos testículos em doses altas e baixas de grupos tratados com coentros não mostrou uma diminuição significativa em comparação com o controlo. Na comparação intergrupos, o valor da POD no testículo em dose elevada não mostrou uma diminuição significativa em comparação com a dose baixa (Fig. 3.33).

3.24 Estimativa da atividade da Glutationa Redutora (GSH) no Testículo

O nível de atividade de GSH nos testículos a uma dose elevada não mostrou uma diminuição significativa em comparação com o controlo. No grupo de dose baixa, foi observada uma diminuição significativa nos testículos ($p<0,001$) em comparação com o controlo. Na comparação intergrupos, o valor de GSH do testículo ($p<0,01$) no grupo de dose elevada mostrou um aumento significativo em comparação com a dose baixa (Fig. 3.34).

3.25 Metais vestigiais e macronutrientes

A concentração de metais vestigiais e macronutrientes foi analisada no sangue total e em tecidos selectivos do corpo de ratos machos tratados com doses subagudas de *Coriandrum sativum. L.* através de espetrofotómetro de absorção atómica de chama.

3.25.1 Concentração de metais vestigiais no sangue total e em tecidos selectivos do corpo de ratos machos tratados com administração oral subaguda de *Coriandrum sativum L.*

A concentração de metais vestigiais foi significativamente diferente nos grupos de *Coriandrum sativum L.* tratados com doses baixas (2000 mg/kg) e altas (4000 mg/kg).

3.25.2 Cobre

Quando os ratos foram tratados com uma dose elevada de coentros, verificou-se uma diminuição significativa da concentração de Cu apenas no sangue ($p<0,001$) em comparação com o controlo, não tendo sido observada qualquer diferença significativa no testículo, no epidídimo, na vesícula seminal e na próstata. Em contrapartida, no grupo de dose baixa, a concentração de Cu diminuiu no sangue ($p<0,001$) e aumentou no epidídimo ($p<0,05$), na próstata ($p<0,05$) em comparação com o controlo, enquanto não se observaram alterações no sangue, nos testículos e na vesícula seminal.

Comparação entre grupos, a concentração de Cu nas vesículas seminais ($p<0,05$) mostrou uma diminuição significativa em comparação com a dose baixa, sem diferença significativa no sangue, testículo, epidídimo e próstata (Fig. 3.35).

3.25.3 Ferro

A concentração de ferro na dose elevada mostrou um aumento significativo nos tecidos do testículo ($p<0,001$) e do epidídimo ($p<0,05$) em comparação com o controlo, enquanto não foi observada qualquer diferença significativa no sangue, nas vesículas seminais e na próstata. A dose baixa mostrou um aumento significativo da concentração de ferro no testículo ($p<0,001$) e no epidídimo ($p<0,001$) em comparação com o controlo. Não foi observada qualquer diferença significativa na comparação intergrupos (Fig. 3.36).

3.25.4 Manganês

A concentração de manganês no tecido da próstata ($p<0,001$) a uma dose elevada mostrou uma diminuição significativa em comparação com o controlo, enquanto não foram observadas alterações significativas no sangue, testículo, epidídimo e vesículas seminais. No grupo de dose baixa, verificou-se um aumento significativo no epidídimo ($p<0,05$) e uma diminuição na próstata ($p<0,001$) em comparação com o controlo. Não foram observadas diferenças significativas na comparação entre grupos (Fig. 3.37).

3.25.5 Níquel

No grupo de dose elevada, a concentração de níquel no sangue ($p<0,001$) mostrou uma diminuição significativa em comparação com o controlo, enquanto não foi observado qualquer efeito significativo nos testículos, epidídimo, vesícula seminal e próstata em comparação com o controlo. A concentração de níquel no sangue ($p<0,001$) no grupo de dose baixa mostrou uma diminuição significativa em comparação com o controlo.

Na comparação intergrupos, não foi observada qualquer diferença significativa (Fig. 3.38).

3.25.6 Zinco

A concentração de zinco no grupo de dose elevada mostrou um aumento significativo na vesícula seminal ($p<0,05$) em comparação com o controlo, enquanto não foi observado qualquer efeito significativo no sangue, testículo, epidídimo e tecidos da próstata. Em contraste, no grupo de dose baixa, a concentração de zinco aumentou significativamente nos tecidos do testículo ($p<0,001$) e do epidídimo ($p<0,05$) em comparação com o controlo, enquanto não se observou qualquer efeito significativo no sangue, testículo, vesícula seminal e próstata. A concentração de zinco no tecido da próstata ($p<0,05$) mostrou um aumento significativo na dose elevada em comparação com o grupo de dose baixa (Fig. 3.39).

3.25.7 Magnésio

No grupo de dose elevada, a concentração de Mg na vesícula seminal ($p<0,05$) mostrou um aumento significativo em comparação com o controlo, enquanto não foi observado qualquer efeito significativo no sangue, testículo, epidídimo e próstata. A concentração de magnésio no epidídimo ($p<0,05$) no grupo de dose baixa mostrou um aumento significativo em comparação com o controlo, enquanto não foram observadas alterações significativas no sangue, testículo, vesícula seminal e tecidos da próstata.

Na comparação intergrupos, não foram encontradas diferenças significativas (Fig. 3.40).

3.25.8 Cálcio

Quando os ratos foram tratados com uma dose elevada de coentros, observou-se uma diminuição significativa da concentração de Ca apenas no tecido da próstata ($p<0,001$) em comparação com o controlo, enquanto não se observou qualquer diferença significativa no sangue, nos testículos, no epidídimo e na vesícula seminal. Em contraste, no grupo de dose baixa, a concentração de Ca aumentou no testículo ($p<0,050$) e no epidídimo ($p<0,05$) em comparação com o controlo, enquanto não se observou qualquer alteração no sangue, na vesícula seminal e nos tecidos da próstata. A concentração de cálcio nos tecidos do epidídimo ($p<0,05$) e da próstata ($p<0,001$) registou uma diminuição significativa no grupo de dose elevada em comparação com o grupo de dose baixa, como se mostra na figura (3.41).

3.25.9 Potássio

A concentração de potássio no epidídimo ($p<0,05$) e nas vesículas seminais ($p<0,001$) no grupo de dose elevada mostrou um aumento significativo em comparação com o controlo, enquanto não foi observado qualquer efeito significativo no sangue, testículo e próstata. O grupo de tratamento com doses baixas mostrou um aumento significativo de K no epidídimo ($p<0,05$) e na vesícula seminal ($p<0,001$) em comparação com o controlo. A concentração de potássio mostrou uma diminuição significativa no testículo ($p<0,05$) e um aumento na vesícula seminal ($p<0,001$) na dose elevada em comparação com o grupo de dose baixa do extrato, como se mostra na figura (3.42).

3.25.10 Sódio

A concentração de sódio no epidídimo ($p<0,001$) no grupo de tratamento de dose elevada mostrou um aumento significativo em comparação com o controlo, enquanto não foi observado qualquer efeito significativo no sangue, testículo, vesícula seminal e próstata. Em contraste, no grupo de dose baixa, verificou-se um aumento significativo nos tecidos do testículo ($p<0,05$), epidídimo ($p<0,001$) e vesícula seminal ($p<0,05$) em comparação com o controlo, enquanto não se observou qualquer efeito significativo no sangue e na próstata. Na comparação entre grupos, não foi observada qualquer diferença significativa (Fig. 3.43).

3.25.11 Crómio

Quando os ratos foram tratados com uma dose elevada de coentros, observou-se uma diminuição significativa da concentração de Cr no sangue ($p<0,001$) e no testículo ($p<0,050$) em comparação com o controlo, enquanto não se observou qualquer diferença significativa no epidídimo, na vesícula seminal e na próstata. Em contraste, no grupo de dose baixa, a concentração de Cr aumentou no sangue ($p<0,001$) em comparação com o controlo, enquanto não se observou qualquer alteração nos tecidos do testículo, epidídimo, vesícula seminal e próstata. Na comparação entre grupos, verificou-se uma diminuição significativa na vesícula seminal ($p<0,001$) e na próstata ($p<0,050$) no grupo de tratamento de dose elevada em comparação com o grupo de dose baixa (Fig. 3.44).

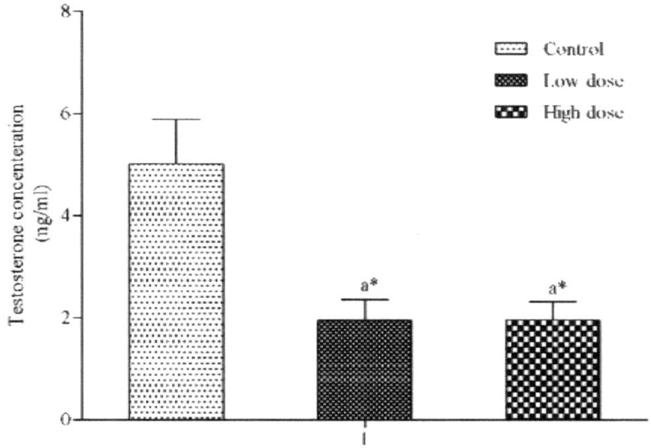

Fig. 3.23 Concentração sérica de testosterona (ng/ml) de ratos tratados com administração oral subaguda de extrato de *Coriandrum sativum L.* (2000 mg/kg) e (4000 mg/kg).

Foi observada uma diminuição significativa no grupo de tratamento de dose baixa e alta em comparação com o controlo.

a = Comparação com o controlo

* = p<0.05

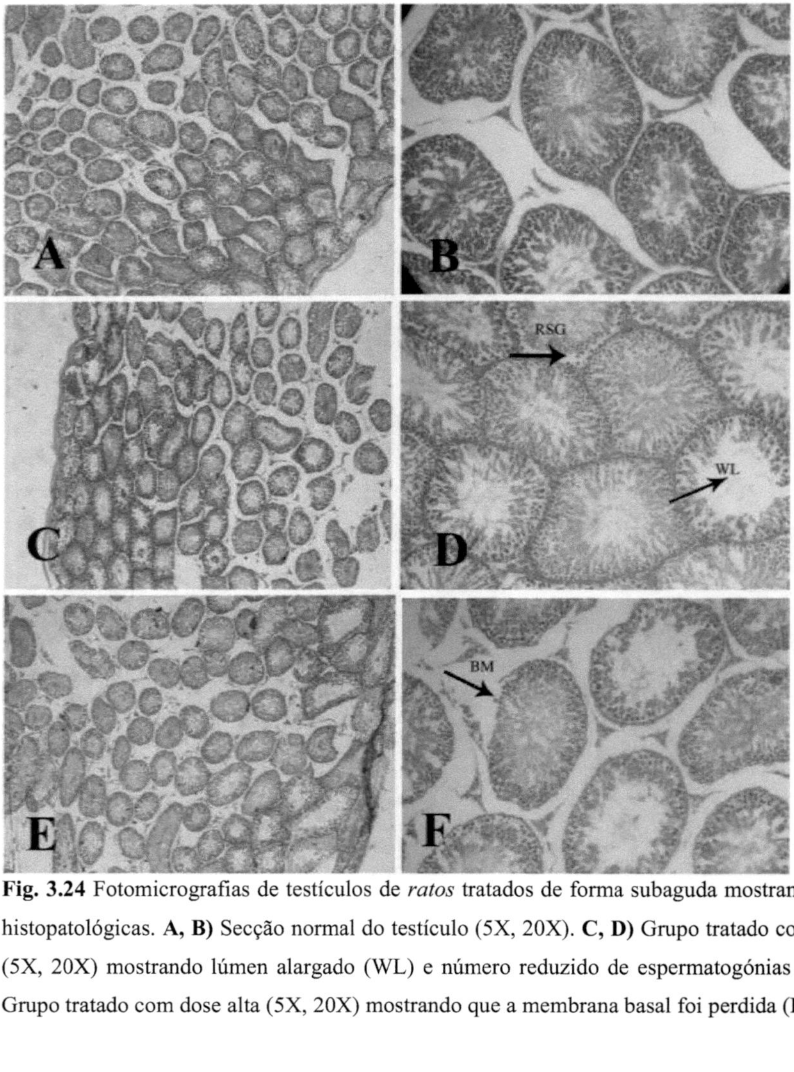

Fig. 3.24 Fotomicrografias de testículos de *ratos* tratados de forma subaguda mostrando alterações histopatológicas. **A, B)** Secção normal do testículo (5X, 20X). **C, D)** Grupo tratado com dose baixa (5X, 20X) mostrando lúmen alargado (WL) e número reduzido de espermatogónias (RSG) **E, F)** Grupo tratado com dose alta (5X, 20X) mostrando que a membrana basal foi perdida (BM).

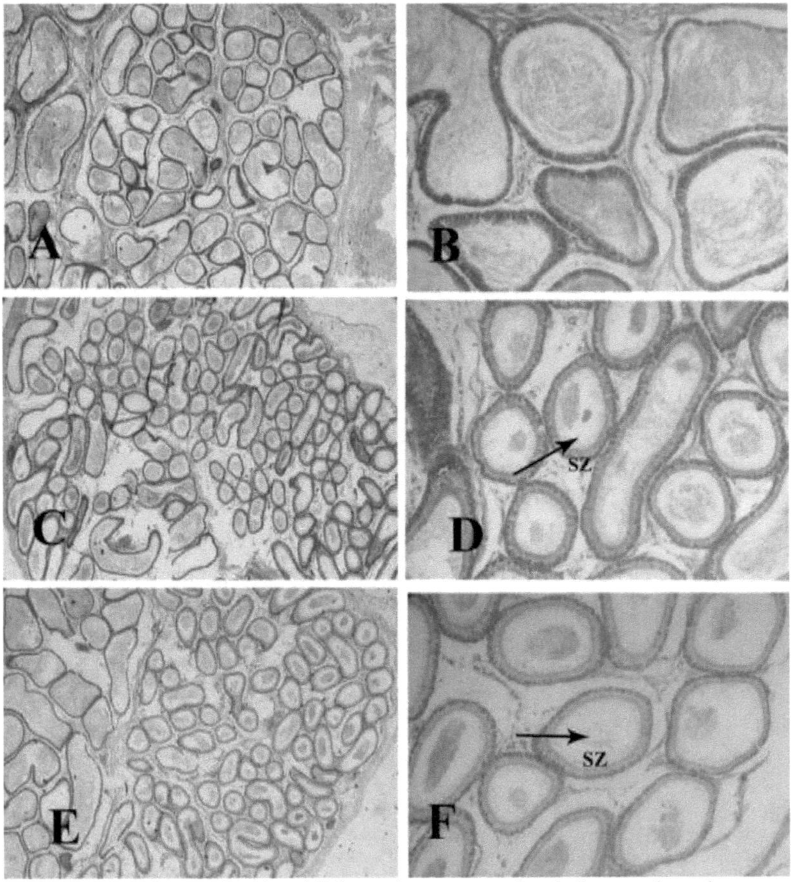

Fig. 3.25 Fotomicrografias de epidídimos de *ratos* tratados de forma subaguda mostrando alterações histopatológicas. **A, B)** Secção normal do epidídimo (5X, 20X)**C, D)** Grupo tratado com dose baixa (5X, 20X) mostrando conteúdo reduzido de esperma no lúmen (SZ). **E, F)** O grupo tratado com dose elevada (5X, 20X) diminuiu a contagem de espermatozóides (SZ)

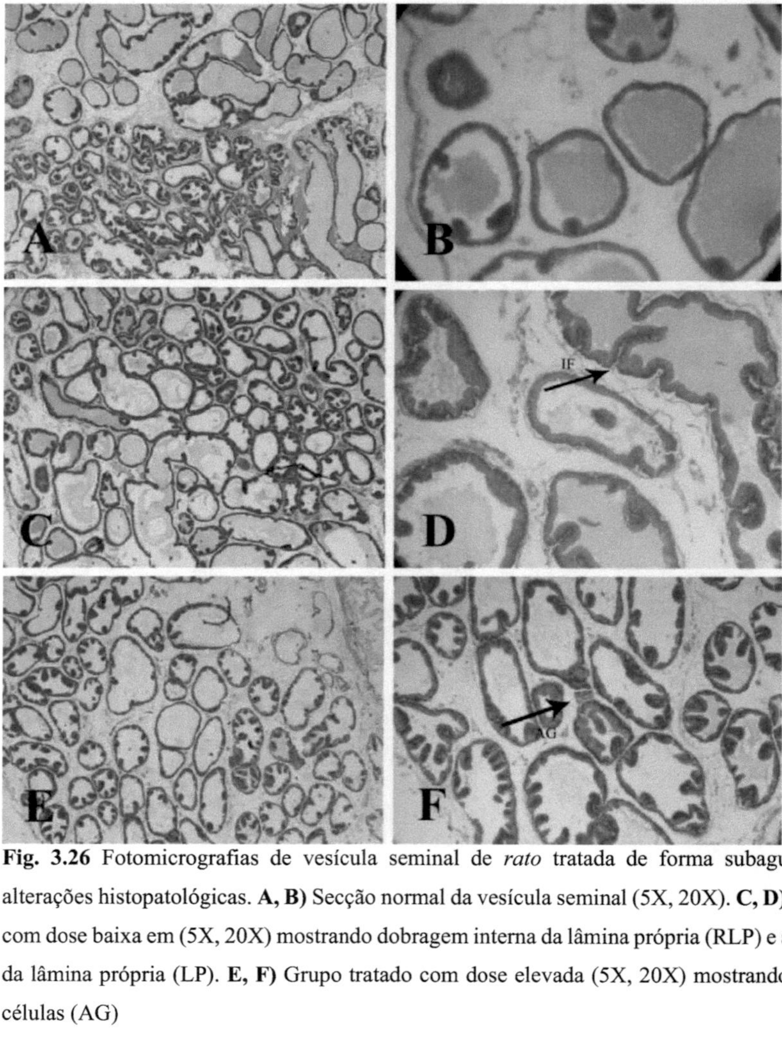

Fig. 3.26 Fotomicrografias de vesícula seminal de *rato* tratada de forma subaguda mostrando alterações histopatológicas. **A, B)** Secção normal da vesícula seminal (5X, 20X). **C, D)** Grupo tratado com dose baixa em (5X, 20X) mostrando dobragem interna da lâmina própria (RLP) e adelgaçamento da lâmina própria (LP). **E, F)** Grupo tratado com dose elevada (5X, 20X) mostrando agregação de células (AG)

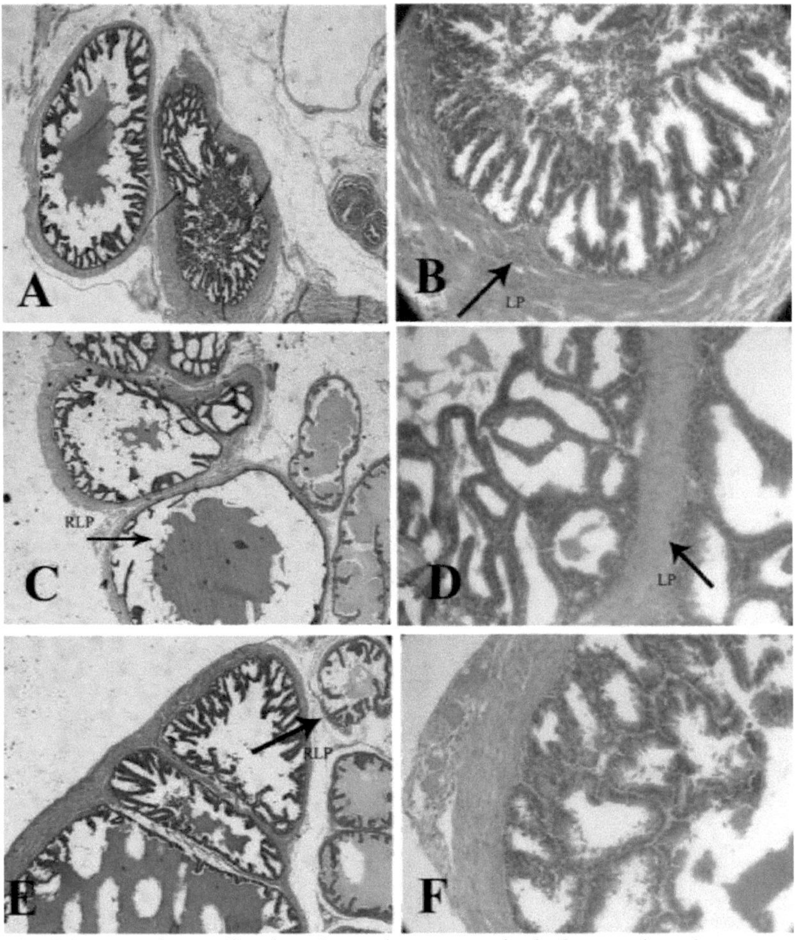

Fig. 3.27 Fotomicrografias de próstata de *rato* tratada de forma subaguda, mostrando alterações histopatológicas. **A, B)** Secção normal da próstata (5X, 20X) mostrando a membrana espessada da lâmina própria (LP). **C, D)** Grupo tratado com dose baixa (5X, 20X) mostrando pregas da lâmina propia rompidas (RLP) e adelgaçamento da lâmina propia (LP). **E, F)** Grupo tratado com dose alta (5X, 20X) mostrando dobras da lâmina própria rompidas (RLP).

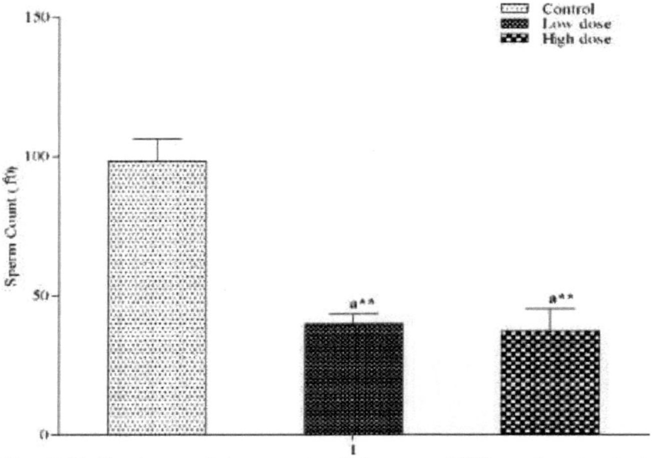

Fig. 3.28 Contagem de espermatozóides no epidídimo de ratos tratados com administração oral subaguda de extrato de *Coriandrum sativum L.* (2000 mg/kg) e (4000 mg/kg).

Foi observada uma diminuição significativa na contagem de espermatozóides no grupo de tratamento de dose baixa e alta em comparação com o controlo.

a = Comparação com o controlo

1 = $p<0.05$

2 * = $p<0{,}01$ a 0,001

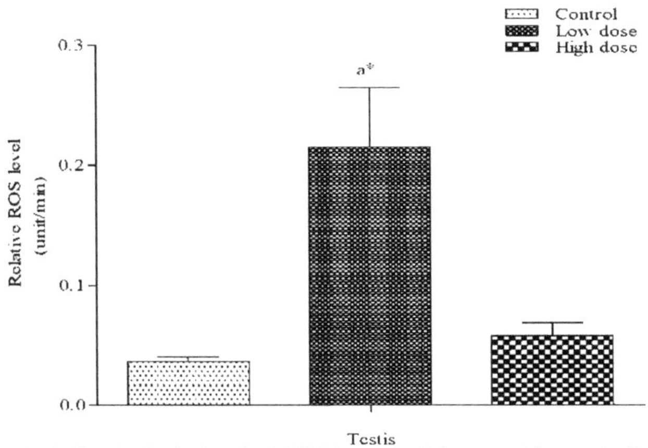

Fig 3.29 Nível relativo de ROS (absorvância) nos tecidos testiculares de ratos machos tratados com administração oral subaguda de extrato de *Coriandrum sativum L.* (2000 mg/kg) e (4000 mg/kg). Verificou-se um aumento significativo no grupo de tratamento de dose baixa em comparação com o controlo

a=comparação com o controlo.

*= $p<0.05$

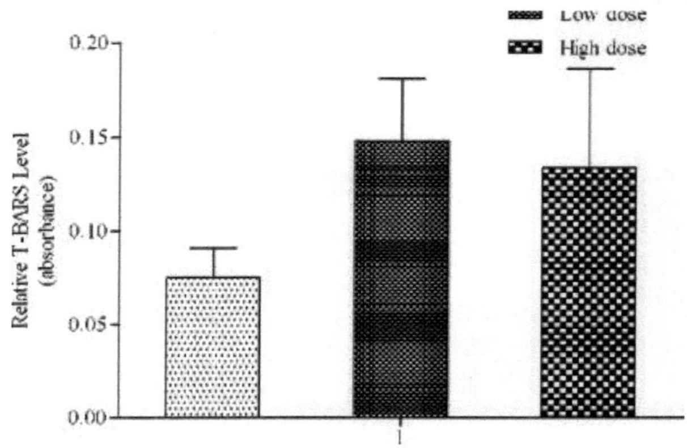

Fig 3.30 Atividade relativa de T-BARS (unidade/minuto) no testículo tecidos de ratos machos tratados com administração oral subaguda de extrato de *Coriandrum sativum L.* (2000 mg/kg) e (4000 mg/kg).

Não foi observado um aumento significativo no grupo de tratamento em comparação com o controlo

a=comparação com o controlo

b=comparação entre grupos de dose

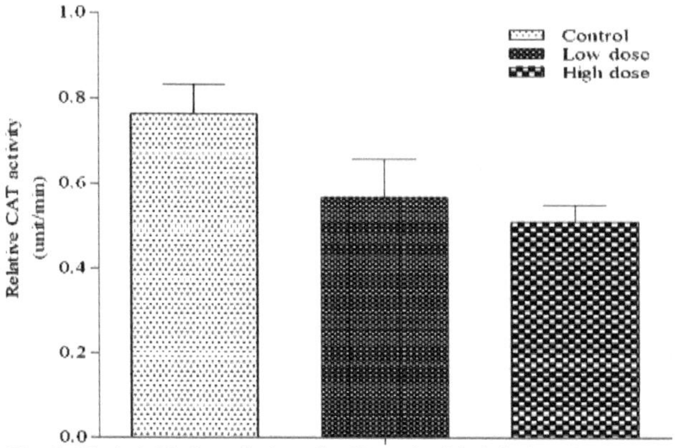

Fig 3.31 Atividade relativa da CAT (unidade/minuto) nos tecidos testiculares de ratos machos tratados com administração oral aguda de extrato de *Coriandrum sativum L.* (2000 mg/kg) e (4ooo mg/kg).

Não foi observada uma diminuição significativa no grupo de tratamento em comparação com o controlo

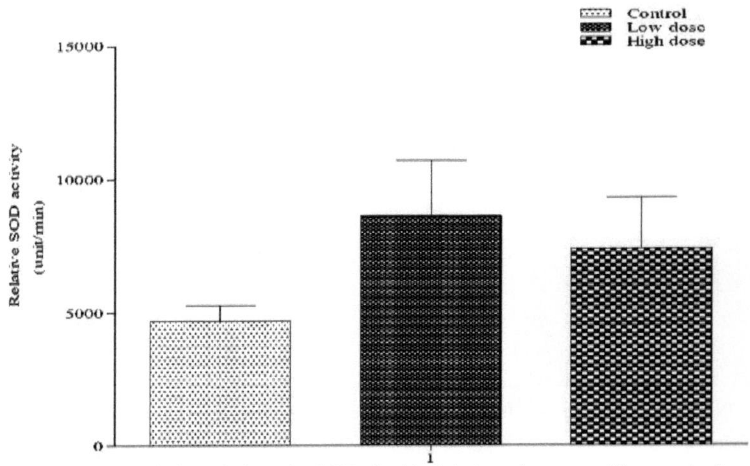

Fig 3.32 Atividade relativa da SOD (unidade/minuto) nos tecidos testiculares de ratos machos tratados com administração oral subaguda de extrato de *Coriandrum sativum L.* (2000 mg/kg) e (4000 mg/kg).

Não foi observado um aumento significativo nos grupos de tratamento em comparação com o controlo

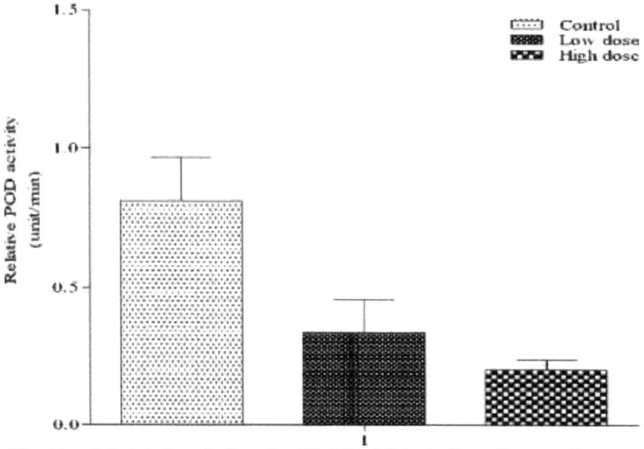

Fig 3.33 Atividade relativa da POD (unidade/minuto) em tecidos testiculares de ratos machos tratados com administração oral aguda de extrato de *Coriandrum sativum L.* (2000 mg/kg) e (4000 mg/kg). Não foi observada uma diminuição significativa nos grupos de tratamento em comparação com o controlo

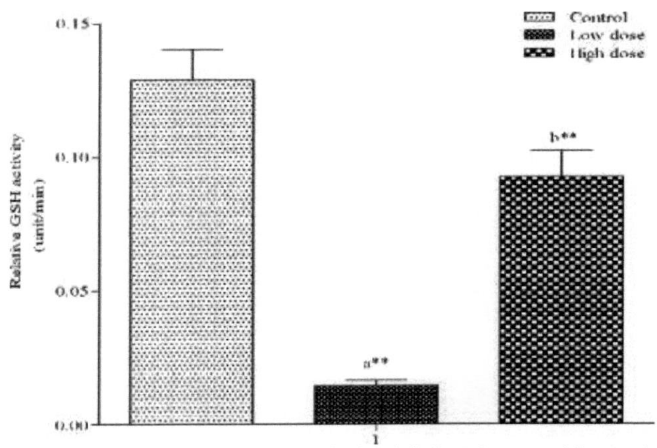

Fig 3.34 Atividade GSH relativa (unidade/minuto) nos tecidos testiculares de ratos machos tratados com administração oral subaguda de extrato de *Coriandrum sativum L.* (2000 mg/kg) e (4000 mg/kg). Foi observada uma diminuição significativa no grupo de tratamento de dose baixa em comparação com o controlo

a=comparação com o controlo.

b=comparação entre grupos de dose

*= $p<0.05$

**= $p<0,01$ a 0,001

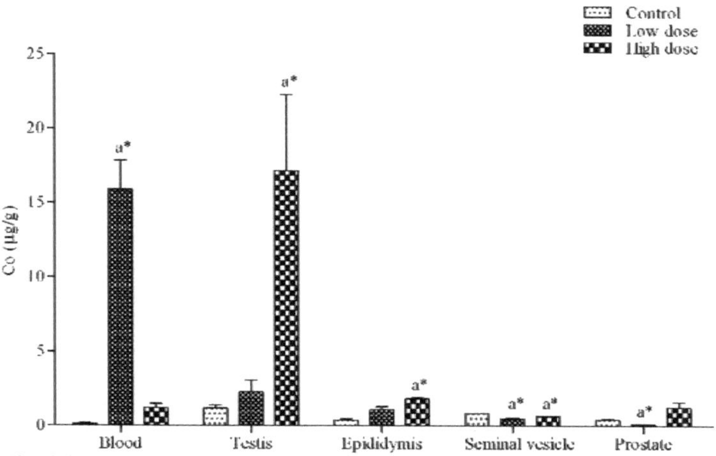

Fig. 3.35 Concentração de cobalto (µg/g) em tecidos corporais selecionados de ratos tratados com administração oral subaguda de extrato de *Coriandrum sativum L.* (2000 mg/kg) e (4000 mg/kg).

a = Comparação com o controlo
* = $p<0.05$

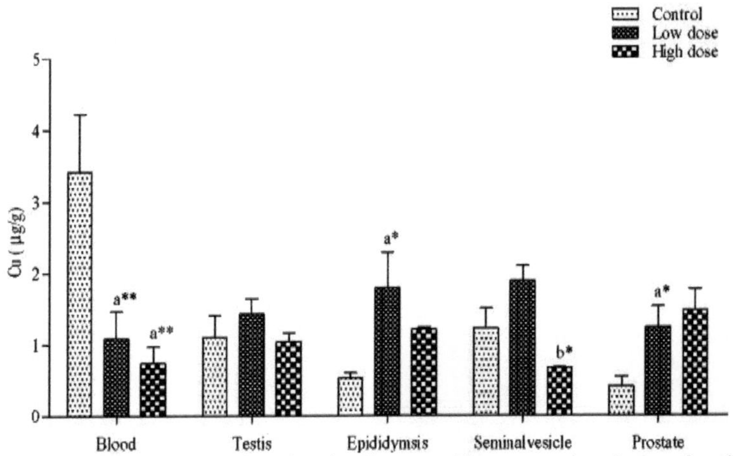

Fig. 3.36 Concentração de cobre (µg/g) em tecidos corporais selecionados de ratos tratados com administração oral subaguda de extrato de *Coriandrum sativum L.* (2000 mg/kg) e (4000 mg/kg). Foi encontrada uma diminuição significativa no sangue e um aumento no epidídimo e na próstata no grupo de dose baixa, enquanto no grupo de dose alta foi observada uma diminuição significativa no sangue em comparação com o controlo.

a = Comparação com o controlo

* = p<0.05

* * = p<0,01 a 0,001

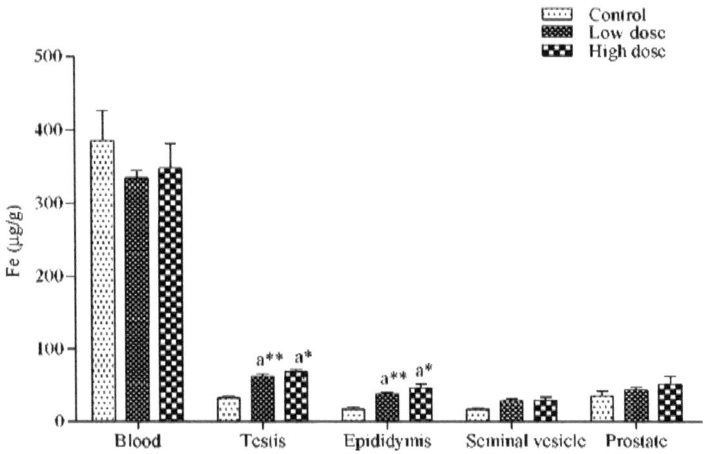

Fig. 3.37 Concentração de ferro (µg/g) em tecidos corporais selecionados de ratos tratados com administração oral subaguda de extrato de *Coriandrum sativum L.* (2000 mg/kg) e (4000 mg/kg). Foi encontrado um aumento significativo no testículo e no epidídimo no grupo de dose baixa, enquanto no grupo de dose alta foi observado um aumento significativo no testículo e no epidídimo em comparação com o controlo.

a = Comparação com o controlo

*= p<0.05

** = p<0,01 a 0,001

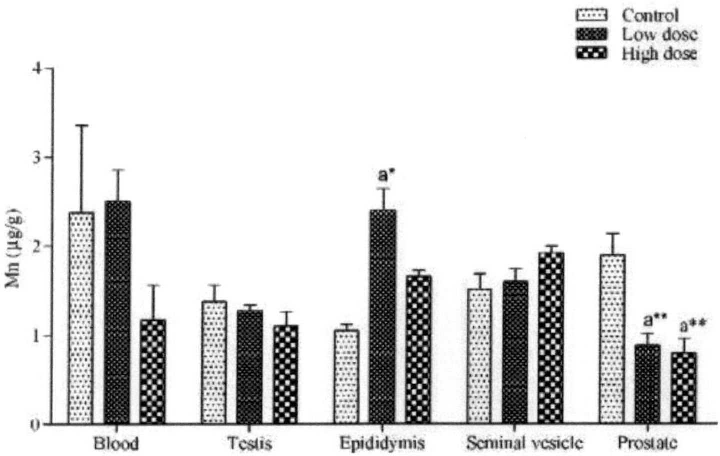

Fig. 3.38 Concentração de manganês (µg/g) em tecidos corporais selecionados de ratos tratados com administração oral subaguda de extrato de *Coriandrum sativum L.* (2000 mg/kg) e (4000 mg/kg). Foi encontrado um aumento significativo no epidídimo e uma diminuição na próstata no grupo de dose baixa, enquanto no grupo de dose alta foi observada uma diminuição significativa na próstata em comparação com o controlo.

a = Comparação com o controlo

b = Comparação entre grupos de dose

* = p<0.05

* * = p<0,01 a 0,001

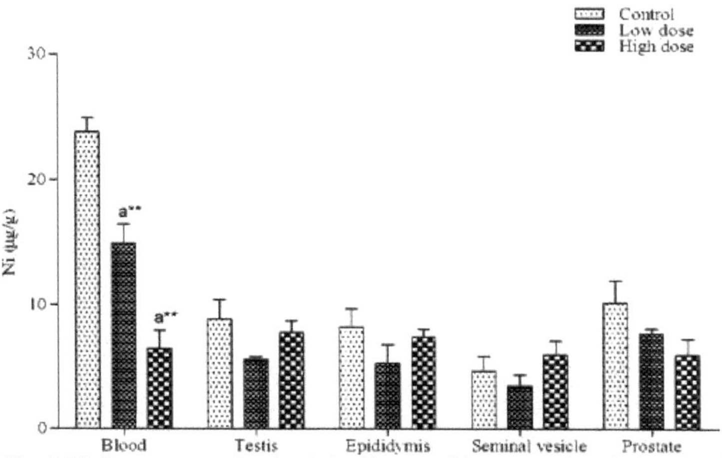

Fig. 3.39 Concentração de níquel (µg/g) em tecidos corporais selecionados de ratos tratados com administração oral subaguda de extrato de *Coriandrum sativum L.* (2000 mg/kg) e (4000 mg/kg). Foi encontrada uma diminuição significativa no sangue nos grupos de dose baixa e alta em comparação com o controlo.

a = Comparação com o controlo

* = p<0.05

* * = p<0,01 a 0,001

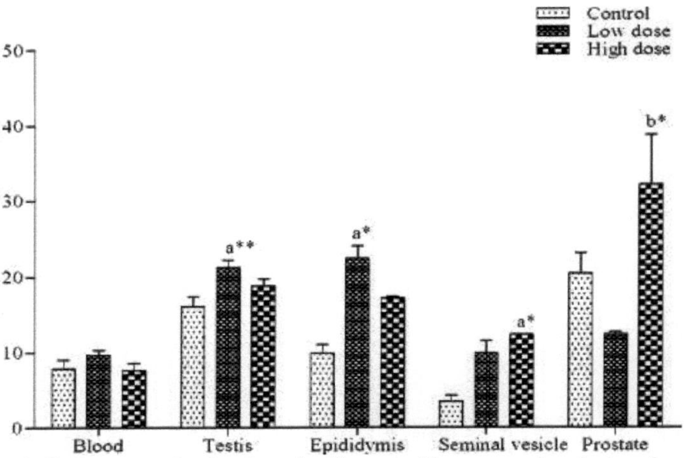

Fig. 3.40 Concentração de zinco (µg/g) em tecidos corporais selecionados de ratos tratados com administração oral subaguda de extrato de *Coriandrum sativum L.* (2000 mg/kg) e (4000 mg/kg). Foi encontrado um aumento significativo no testículo e no epidídimo no grupo de dose baixa, enquanto no grupo de dose alta foi observado um aumento significativo na vesícula seminal em comparação com o controlo.

a = Comparação com o controlo

* = $p<0.05$

* * = $p<0,01$ a 0,001

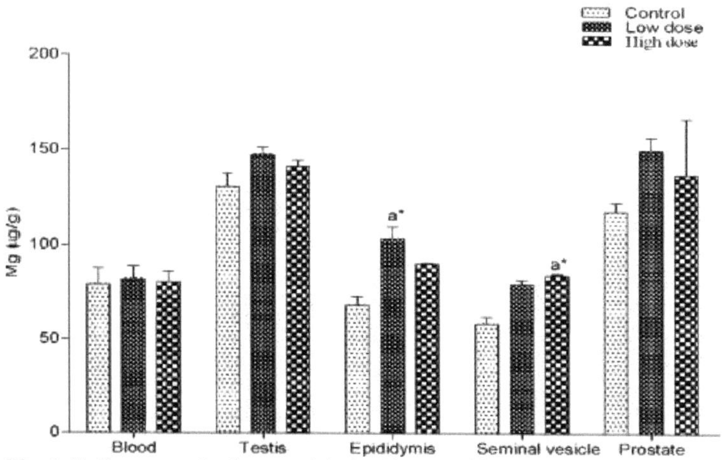

Fig. 3.41 Concentração de magnésio (µg/g) em tecidos corporais selecionados de ratos tratados com administração oral subaguda de extrato de *Coriandrum sativum L.* (2000 mg/kg) e (4000 mg/kg). Foi encontrado um aumento significativo no epidídimo no grupo de dose baixa, enquanto no grupo de dose alta foi observado um aumento significativo na vesícula seminal em comparação com o controlo.

a = Comparação com o controlo

* = $p<0.05$

* * = $p<0,01$ a 0,001

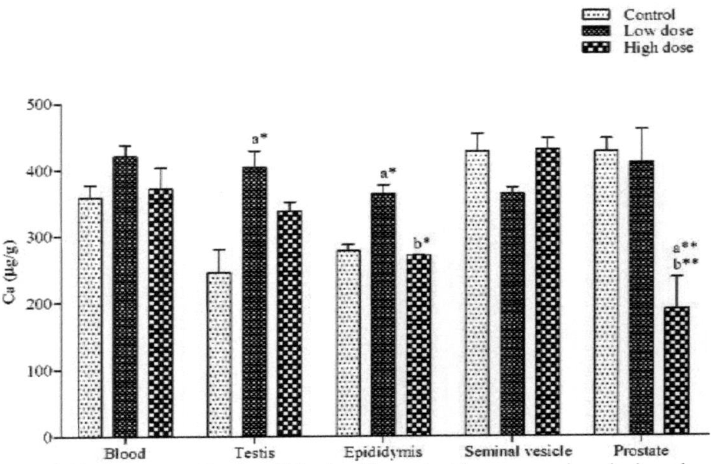

Fig. 3.42 Concentração de cálcio (µg/g) em tecidos corporais selecionados de ratos tratados com administração oral subaguda de extrato de *Coriandrum sativum L.* (2000 mg/kg) e (4000 mg/kg). Foi encontrado um aumento significativo no epidídimo e na vesícula seminal no grupo de dose baixa

, enquanto que no grupo de dose alta foi encontrado um aumento significativo

observados no epidídimo e na vesícula seminal em comparação com o controlo.

a= Comparação com o controlo

b = Comparação entre grupos de dose

* = p<0.05

* * = p<0,01 a 0,001

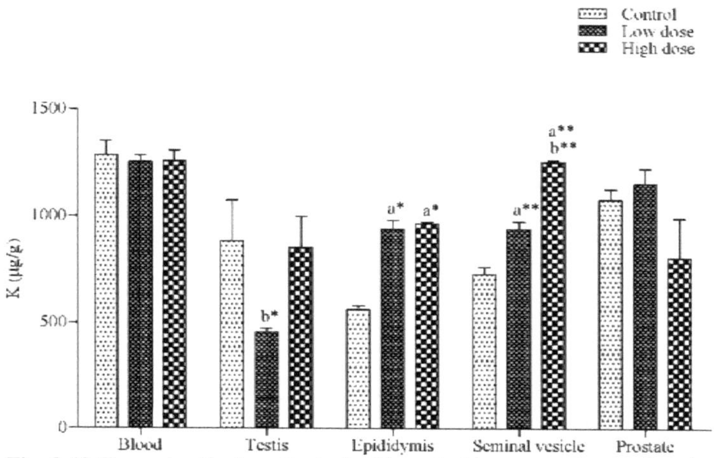

Fig. 3.43 Concentração de potássio (µg/g) em tecidos corporais selecionados de ratos tratados com administração oral subaguda de extrato de *Coriandrum sativum L.* (2000 mg/kg) e (4000 mg/kg). Foi encontrado um aumento significativo no epidídimo e na vesícula seminal no grupo de dose baixa, enquanto no grupo de dose alta foi observado um aumento significativo no epidídimo e na vesícula seminal em comparação com o controlo.

a = Comparação com o controlo

b = Comparação entre grupos de dose

* = $p<0.05$

* * = $p<0,01$ a 0,001

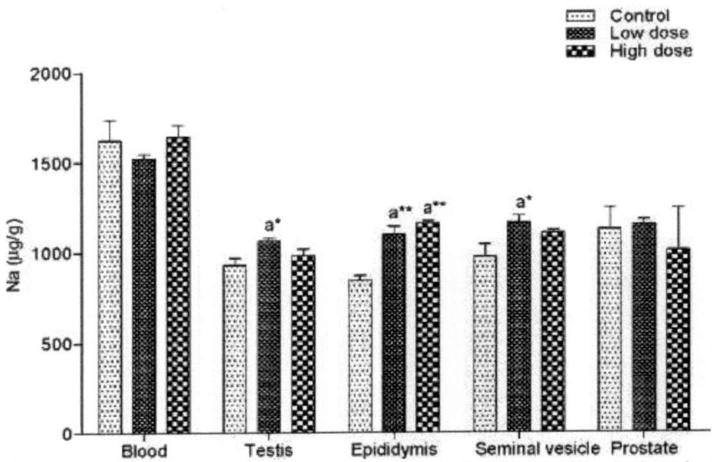

Fig. 3.44 Concentração de sódio (µg/g) em tecidos corporais selecionados de ratos tratados com administração oral subaguda de extrato de *Coriandrum sativum L.* (2000 mg/kg) e (4000 mg/kg). Foi encontrado um aumento significativo no testículo, epidídimo e vesícula seminal no grupo de dose baixa, enquanto que na dose alta foi observado um aumento significativo no epidídimo em comparação com o controlo.

a = Comparação com o controlo

b = Comparação entre grupos de dose

* = p<0.05

* * = p<0,01 a 0,001

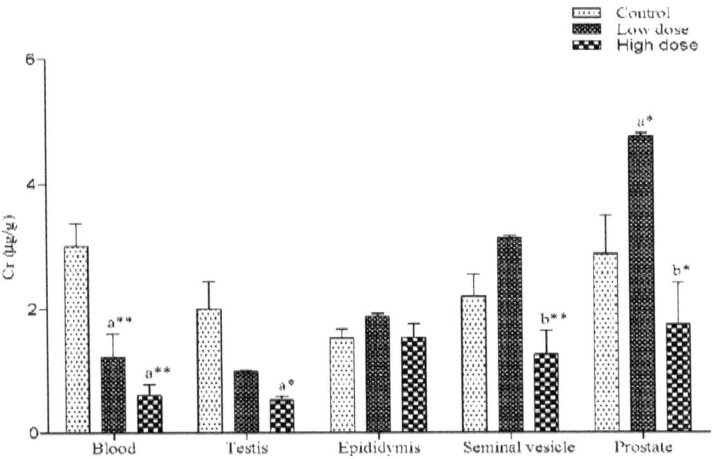

Fig. 3.45 Concentração de crómio (µg/g) em tecidos corporais selecionados de ratos tratados com administração oral subaguda de extrato de *Coriandrum sativum L.* (2000 mg/kg) e (4000 mg/kg). Foi observada uma diminuição significativa no sangue no grupo de dose baixa, enquanto no grupo de dose alta foi observada uma diminuição significativa no sangue e no testículo em comparação com o controlo.

a = Comparação com o controlo

b = Comparação entre grupos de dose

* = p<0.05

* * = p<0,01 a 0,001

CAPÍTULO 4
DISCUSSÃO

O presente estudo descreve o efeito da extração etanólica de folhas e caules de *coentros sativum L.* no sistema reprodutor masculino de ratos albinos machos. Os presentes resultados sugerem que a administração oral do extrato de coentros tem um efeito negativo nos órgãos reprodutores dos ratos, indicando assim os seus efeitos toxicológicos dependentes da dose na reprodução.

Todas as investigações anteriores relativas aos efeitos toxicológicos dos coentros na reprodução foram estudadas utilizando sementes de coentros ou o seu óleo, apenas um ou dois estudos foram realizados utilizando folhas frescas de coentros para verificar os parâmetros de fertilidade em ratos. Nos pratos asiáticos, não só se utilizam sementes de coentros, como a maioria da nossa população utiliza folhas e caules de coentros frescos em quantidade excessiva. Por conseguinte, era necessário investigar os efeitos toxicológicos adversos das folhas e caules de coentros na reprodução e fertilidade masculinas.

Al-Rubaye (2016) demonstrou o efeito inibitório do extrato aquoso de folhas de coentros nas capacidades estruturais e funcionais dos órgãos reprodutores de ratos albinos. Foi registada uma diminuição significativa dos níveis de testosterona, uma redução da motilidade e da viabilidade dos espermatozóides após a administração de diferentes doses de coentros, tendo sido observado um efeito degenerativo na histologia testicular. Este estudo apoia grandemente as nossas conclusões de que o extrato das folhas e do caule têm um efeito adverso na estrutura e nas funções dos órgãos reprodutores masculinos em ratos machos. A discrepância em relação ao estudo acima mencionado reside no facto de as sementes e as folhas conterem fitoquímicos totalmente diferentes (Podalia et al., 2011), as doses, o tipo de formação do extrato, o tipo de animal e o tempo de duração da experiência serem também diferentes. O óleo das folhas dos coentros contém aldeídos gordos mono e poli-insaturados como constituintes principais do que o óleo das sementes (Ismail et al., 2012). Aqui, o presente estudo também associa as deficiências reprodutivas masculinas aos oligoelementos após a administração de coentros.

Em contraste com o estudo anterior de AL-Suhaimi 2008, não foi observado qualquer efeito do extrato de sementes de coentros nos órgãos reprodutores masculinos de coelhos machos alimentados normalmente e em jejum. A testosterona sérica e os tecidos histológicos não foram afectados pela sua administração.

Do mesmo modo, outro estudo encontrou efeitos positivos do extrato aquoso de sementes de coentros nos parâmetros reprodutivos de ratos. O aumento da concentração de espermatozóides, a motilidade e a viabilidade aumentaram significativamente nos grupos de ratos que receberam extrato de coentros em comparação com o grupo de controlo (Alessia et al., 2014). Outro estudo relatou que a administração oral dependente da dose de extrato aquoso de coentros sativum em ratos fêmeas. Este estudo encontrou um declínio significativo no nível de progesterona, resultando em efeitos anti-implantação significativos, mas não diminuiu completamente a fertilidade. As observações anteriores sugerem um papel contraditório dos coentros na reprodução.

As conclusões importantes do presente estudo foram o declínio dos níveis de testosterona, as alterações histopatológicas nos testículos e nos órgãos reprodutores acessórios, a diminuição da contagem de espermatozóides, o aumento significativo dos níveis de ROS nos tecidos testiculares após a administração oral de extrato etanólico de coentros. A presente descoberta também relatou os efeitos significativos no perfil antioxidante no tecido testicular, bem como a concentração de oligoelementos (cobre, crómio, manganês, níquel, zinco, ferro, sódio, potássio, cálcio e magnésio) no sangue, testículo, epidídimo, vesícula seminal e próstata em experiências agudas e subagudas.

No presente estudo, foi observado um declínio significativo nos níveis séricos de testosterona. Na experiência aguda, foi registado um declínio significativo dos níveis de testosterona na dose elevada, enquanto na experiência subaguda foi registado um efeito significativo tanto nas doses baixas como nas doses elevadas. Um estudo anterior também relatou um declínio significativo nos níveis de testosterona em ratos tratados com extrato aquoso de folhas de coentros (Al-Rubaya, 2016). É relatado que os coentros têm uma atividade anti-colesterol (Sreelatha e Inbavail, 2012) e reduzem os níveis de testosterona ao diminuir a síntese de colesterol. O colesterol é um dos principais precursores das hormonas esteróides. Os presentes resultados também indicam este efeito negativo da administração de coentros na síntese de testosterona em ratos. Isto mostra que os coentros, em diferentes doses, podem atuar no eixo hipotálamo-hipófise-testicular. O efeito inibitório no eixo testicular pode ocorrer a nível hipotalâmico ou a nível gonadal, causando assim a supressão das secreções de testosterona.

Outra descoberta significativa do presente estudo foi o exame histológico do testículo, bem como de outros órgãos reprodutores acessórios, tanto no grupo normal como no grupo tratado com coentros. Em experiências agudas, o exame histomorfológico dos tecidos reprodutivos foi efectuado em doses baixas e altas. Os espaços luminais testiculares alargados e a diminuição dos espermatozóides foram observados em doses baixas, enquanto a delimitação de espermatogónias e espermatócitos da membrana basal foi notada em experiências agudas de doses elevadas. Foi observada irregularidade nas células epididimárias juntamente com um menor número de espermatozóides no tecido epididimário em condições de dose baixa e alta na experiência aguda. O grupo de tratamento de dose baixa e alta em experiências agudas também mostra uma alteração proeminente na morfologia das vesículas seminais. A agregação das células provoca uma espessura na lâmina basal que, por sua vez, engrossa a membrana das vesículas seminais. Os grupos de tratamento de dose baixa e alta na experiência aguda também mostraram rutura e perturbação da lâmina basal do tecido da próstata. A desorganização do tecido da próstata e o processamento e dobragem irregulares também foram notados no grupo tratado com coentros. Estas alterações histopatológicas podem ser possíveis devido à redução acentuada da testosterona, que tem um efeito direto no ciclo espermatogénico e nas secreções das glândulas acessórias. A testosterona é essencial para a conclusão das divisões meióticas durante a espermatogénese (Thejashwini e Shivabasavqaib, 2004).

Da mesma forma, os mesmos resultados foram observados neste estudo em condições subagudas, a morfologia dos tecidos reprodutivos também foi significativamente alterada em doses baixas e altas. O número reduzido de espermatozóides no lúmen testicular com espaços luminais alargados foi observado tanto na dose alta como na baixa. Perdeu-se a integridade da membrana basal. Ocorreu um menor número de células leydig e mais espaços vazios com vasos sanguíneos congestionados e atrofia das células no tecido testicular. Foi observada uma diminuição dos espermatozóides no lúmen do epidídimo tanto no grupo de dose baixa como no grupo de dose alta na experiência subaguda. Desorganizações e dobras da lâmina própria das vesículas seminais com parede espessada foram observadas tanto na dose baixa como na alta. Foi detectada uma maior agregação de células nas vesículas seminais no tratamento com dose elevada do que no tratamento com dose baixa. O adelgaçamento da lâmina própria com desordem excessiva e rutura do tecido da próstata foi examinado tanto no grupo de dose baixa como no grupo de dose elevada na experiência subaguda.

As observações anteriores sugerem que foi observada uma alternância significativa na histomorfologia dos tecidos testiculares e dos órgãos reprodutores acessórios tanto no grupo tratado com coentros em doses altas como baixas, tanto em experiências agudas como subagudas. Este facto parece estar de acordo com as observações de estudos anteriores. Um estudo relatou que o extrato de folhas de coentros sativum exerce um efeito negativo sobre a morfologia do tecido testicular em ratos albinos. Verificou-se que as células espermatogónias que revestem o epitélio seminífero se encontravam degeneradas e também uma deterioração dos tecidos intersticiais, o que sugere a natureza inibitória das folhas de coentros na histologia dos tecidos testiculares (Al Rubbiya et al., 2016)

Em contraste com os nossos resultados, não foram observadas alterações histopatológicas significativas nos testículos e epidídimos de coelhos machos no grupo tratado com coentros (Al-Suhaimi et al., 2008). Também foram relatados efeitos benéficos dos coentros na histologia do tecido testicular de ratinhos (Alessia et al., 2014). Além disso, noutro estudo, grupos de ratos tratados com coentros mostraram um aumento do processo de espermatogénese, resultando num maior número de espermatozóides no lúmen dos túbulos seminíferos (Issam et al, 2015).

O presente estudo relata um declínio significativo na contagem de esperma tanto em doses baixas como altas em experiências agudas e subagudas. Estes resultados apoiam o resultado acima mencionado de que a degeneração do epitélio testicular no grupo tratado com coentros é responsável pela diminuição da contagem de espermatozóides. Um estudo anterior observou uma diminuição da contagem de espermatozóides, da motilidade e da viabilidade em ratos, o que apoia a nossa descoberta em ratos (Al-Rubaye, 2016). A diminuição da contagem de espermatozóides está relacionada com a paragem da espermatogénese, possivelmente ocorrida como resultado da redução do nível de testosterona sérica, que se mostrou vital para a conclusão da divisão meiótica durante a espermatogénese (Thejashwini e Shivabasavqaih, 2004).

Os efeitos toxicológicos aumentam o stress oxidativo, o que aumenta a produção de espécies reactivas de oxigénio (ROS). Quando a produção de ROS é aumentada a um nível que ultrapassa os antioxidantes celulares, o resultado é o stress oxidativo. Este, por sua vez, conduz à peroxidação lipídica e à oxidação do ADN e do ARN (Mates, 2000). Os produtos do aumento da peroxidação lipídica e da diminuição do perfil antioxidante podem reagir espontaneamente com centros nucleofílicos na célula e ligar-se covalentemente ao ADN, ARN e proteínas (Mate s e Sanchez-Jime nez, 1999). Pode provocar citotoxicidade, apoptose, alergia, mutagenicidade ou carcinogenicidade (Mates e Sa nchez-Jime nez, 1999; Wagner et al., 1998).

O presente estudo avaliou os níveis de ROS nos tecidos testiculares de ratos machos em resposta à toxicidade da administração de coentros. Na experiência aguda, o aumento significativo do nível de ERO na dose baixa, em comparação com o controlo, indica uma indução de stress oxidativo. A comparação entre grupos mostrou que o nível de ERO diminuiu significativamente na dose alta em comparação com a dose baixa. Foram observados resultados semelhantes no grupo subagudo, mas verificou-se um aumento significativo de ROS na dose baixa em comparação com o controlo. É possível que os coentros comecem a produzir stress oxidativo com uma dose baixa, mas acima deste nível o sistema de defesa do próprio corpo pode estar a ativar os seus mecanismos de proteção para fazer face a este stress oxidativo.

Na experiência aguda, foi observado um aumento não significativo de T-BARS na dose baixa, enquanto não foi observada qualquer alteração na dose alta. Na experiência subaguda, observou-se um aumento não significativo de TBARS tanto na dose baixa como na dose alta.

Estudos anteriores indicam que quando ocorre um desequilíbrio entre as espécies reactivas de oxigénio (ERO) e as enzimas antioxidantes, a capacidade de superar a produção de ERO fica comprometida e leva à geração de ainda mais peróxidos e radicais livres. Para contrariar esta situação, os animais dispõem de um sistema de enzimas antioxidantes (Shietal., 2011) que indica as ERO, apresentando variações nas suas actividades (Loroetal., 2012; Shaoetal., 2012).

O presente estudo também avaliou o estado de diferentes enzimas antioxidantes para analisar o efeito adverso das folhas e do caule dos coentros na atividade de diferentes enzimas dos órgãos reprodutores masculinos. Um estudo anterior relatou que os flavonóides aumentam as enzimas antioxidantes exercendo uma ação estimuladora na expressão genética (Rohrdanz et al, 2002). O estudo examinou a atividade enzimática da CAT, POD, GSH e SOD. A atividade das enzimas seguintes foi comparada tanto em grupos normais como em grupos tratados com diferentes doses de coentros, ou seja, em experiências agudas e subagudas. Em contraste com as presentes conclusões, a toxicidade desenvolvida nas plantas devido ao chumbo foi invertida pela administração de folhas de coentros, mostrando o efeito protetor dos coentros na atividade de várias enzimas (Shimaa El-Masry et al., 2016).

O presente é o primeiro estudo que mostra o efeito de diferentes doses de coentros na atividade das enzimas celulares. Os resultados actuais mostraram que os coentros têm efeitos adversos mais pronunciados, tal como indicado pela diminuição da atividade da POD quando comparada com o grupo de controlo em experiências agudas e subagudas. A CAT e a SOD apresentam uma resposta contra os radicais livres, a SOD catalisa a dismutação do anião-radical superóxido em H2O e H2O2, que é desintoxicado pela atividade da CAT (Monteiro etal.,2006; Trenzado etal.,2006).A atividade da CAT foi significativamente aumentada em doses baixas na experiência aguda. A glutationa reduzida é uma enzima importante, e a sua redução aumenta as reacções redox e as condições de stress (Goharyet al, 1999).

Na experiência subaguda, foi encontrada uma diminuição significativa na atividade GSH a uma dose baixa. Este efeito protetor rápido a curto prazo dos coentros na atividade das enzimas é apoiado por um estudo anterior. Estudos preliminares mostraram uma melhoria significativa da atividade das enzimas SOD e GSH com a administração de extractos aquosos e alcoólicos de coentros em ratos (Kansal e Sharma, 2012). Num outro estudo, observou-se um aumento significativo da atividade hepática da SOD e da CAT após o tratamento com extrato de coentros em ratos tratados com CCl4 (Sreelatha et al., 2008). A SOD oferece uma grande resposta ao stress oxidativo, é uma das primeiras enzimas a responder contra as ERO (Winston e Di Giulio, 1991; Van der Oost et al., 2003). O seu nível aumentado deve-se à produção elevada de radicais O2. O nosso estudo também mostra uma melhoria da atividade celular da SOD na experiência subaguda, em comparação com o controlo. Este efeito na atividade das enzimas nos grupos tratados com coentros pode ter ocorrido devido à administração de diferentes doses de coentros. Um estudo anterior mostrou a correlação da SOD com a tolerância à toxicidade do oxigénio em vertebrados (Perez-Campo et al, 1993). Assim, o presente estudo mostrou efeitos tóxicos dos coentros em experiências agudas e subagudas, tendo sido observados efeitos mais pronunciados em doses baixas. Isto pode ser possível porque a dose é afetada a um determinado nível, após o qual não foram observados mais efeitos na dose elevada. A dose elevada mostrou resistência contra o tratamento com coentros. No entanto, são necessárias mais investigações futuras para compreender o papel exato do extrato de folhas e caule dos coentros na atividade enzimática dos tecidos testiculares.

Para além de estudar a atividade de diferentes enzimas, o presente estudo também investigou os níveis de múltiplos oligoelementos tanto nos grupos normais como nos grupos tratados com coentros em doses altas e baixas. Os oligoelementos, que também são referidos como microelementos, desempenham um papel vital na manutenção da saúde do corpo. Embora sejam necessários em quantidades muito pequenas, a sua deficiência pode levar a problemas relacionados com a má nutrição. Os oligoelementos desempenham também um papel essencial na reprodução. Foi demonstrado que os suplementos de oligoelementos aumentam a reprodução dos bovinos (Boland, 2003). O excesso destes oligoelementos pode ter efeitos nocivos para o organismo. O aumento do nível de metais pesados tem efeitos tóxicos a nível celular (Zimmerman et al., 1990).

O presente estudo centrou-se nos níveis de Cu, Ca, Fe, Mg, Zn, K, Ni, Cr, Mn e Na no sangue, nos tecidos testiculares, bem como nos órgãos reprodutores acessórios, incluindo o epidídimo, a vesícula seminal e a próstata, que foram medidos em grupos tratados com coentros e comparados com o controlo. Para determinar o efeito dos coentros nos oligoelementos dos órgãos reprodutores do rato. Verificou-se que o Cu diminuiu no tecido da próstata a uma dose elevada no grupo agudo e aumentou significativamente no testículo e no epidídimo a uma dose baixa, ao passo que na experiência subaguda se verificou uma diminuição significativa apenas no sangue a uma dose elevada e um aumento no epidídimo e na próstata a uma dose baixa. Na experiência subaguda, a concentração de Cu mostrou um aumento significativo no testículo e no epidídimo com uma dose baixa, enquanto na experiência aguda foi observada uma diminuição significativa no tecido da próstata com uma dose elevada. O ferro não apresentou alterações significativas nas experiências agudas, enquanto na experiência subaguda foi encontrado um aumento significativo no testículo e no epidídimo.

Um estudo anterior demonstrou que o Fe e o Cu desempenham um papel importante na fertilidade masculina; o seu excesso ou deficiência conduzem a perturbações no funcionamento reprodutor masculino, tais como espermatogénese defeituosa, espermatozóides anormais e aumento da produção de ROS no tecido testicular (Tvrda et al., 2015). Verificou-se que o nível de Cr diminuiu nos testículos e nos órgãos reprodutores acessórios na dose aguda a uma concentração de dosagem elevada, enquanto na experiência subaguda se observou uma diminuição significativa no sangue e nos testículos a uma dose elevada, ao passo que no grupo de dose baixa se observou uma diminuição significativa no sangue e um aumento na próstata. Na experiência subaguda, o nível de Ni diminuiu no sangue tanto com doses elevadas como com doses baixas. A concentração de Zn mostrou uma diminuição significativa no testículo a uma dose baixa, enquanto não foi observada qualquer diferença a uma dose elevada em experiências agudas. Na experiência subaguda, verificou-se um aumento significativo nas vesículas seminais com uma dose elevada, enquanto se observou um aumento significativo no testículo e no epidídimo com uma dose baixa. Num estudo anterior, foi relatada uma quantidade significativa de metais, incluindo os metais de transição Zn, Ni, Cr, Hg, Cd e V, no sémen e no sangue de trabalhadores expostos profissionalmente, o que afecta os órgãos do corpo e o sistema reprodutor masculino e o seu funcionamento, como a espermatogénese, a redução da concentração de espermatozóides, a viabilidade, a motilidade e o aumento do stress oxidativo, da testosterona sérica, da libido e do declínio da fertilidade (Chandel e Jainin, 2014).

Os níveis de sódio diminuem nas vesículas seminais e na próstata em doses elevadas, enquanto a sua concentração aumenta no sangue em doses baixas em experiências agudas. Em experiências subagudas, verificou-se um aumento nos testículos e nos órgãos reprodutores acessórios masculinos, tanto em doses elevadas como em doses baixas. A concentração de magnésio aumentou no epidídimo e nas vesículas seminais, tanto em doses altas como baixas, respetivamente, nas experiências subagudas. Em experiências agudas, verificou-se que o Mg diminuiu no sangue, nos testículos e nos órgãos reprodutores acessórios masculinos, tanto em doses elevadas como em doses baixas. Em experiências subagudas, foram encontrados níveis variáveis de Mn tanto em doses baixas como altas nos grupos tratados com coentros. Verificou-se que o cálcio e o potássio aumentaram significativamente no sangue, nos testículos e nos órgãos acessórios masculinos, tanto em doses baixas como altas, na experiência aguda, enquanto na experiência subaguda a concentração de cálcio aumentou nos órgãos reprodutores, enquanto diminuiu na próstata em doses altas. Agada e braide (2009) referiram que os níveis de electrólitos selecionados como K, Ca, Mg, Cl, HCO3 e metais vestigiais como Zn, Cu, Mn no soro de ratos machos aumentaram após a ingestão de sementes *de Garcinia cola.*

Verificou-se que o potássio na experiência subaguda aumentou nos órgãos reprodutivos tanto em doses altas como baixas. Princewill et al. (2015) mostraram as interações entre o desempenho reprodutivo e o estado mineral dos animais de criação, o estudo mostrou que a ingestão dietética inadequada ou excessiva de minerais como o cobre, cobalto, potássio, fósforo, magnésio, manganês, selénio, cálcio, iodo, zinco, ferro, cloro, sódio, crómio, molibdénio, causam atraso na puberdade, desintoxicação intracelular de radicais livres e espermatogénese prejudicada. Estes resultados mostraram que os níveis de oligoelementos estavam mais profundamente aumentados na experiência subaguda do que na experiência aguda. Isto mostra que o aumento da concentração destes oligoelementos nos órgãos reprodutores dos ratos machos pode causar toxicidade.

Se os oligoelementos forem consumidos em níveis elevados, têm efeitos deletérios na saúde (Louria et al.,1972). Estes resultados mostraram que os ratos machos tratados com coentros têm um efeito deletério na estrutura dos órgãos reprodutores, bem como nas suas funções. Isto pode ocorrer devido a um aumento da concentração de metais pesados que têm um efeito tóxico a nível celular. O aumento dos níveis de metais tóxicos pode ser responsável pela degeneração dos tecidos reprodutivos, pela apoptose das células germinativas e das células leydig. Isto, por sua vez, diminui a espermatogénese e a produção de esteróides testiculares. Isto é apoiado por um estudo anterior que mostrou um aumento do nível de Cr, Cd, Co, Ni e gera vários tipos de oxigénio ativo e outras espécies reactivas em reacções redox diretas com o2, o2, causando assim danos no ADN, ARN, proteínas, lípidos e diminuindo as defesas antioxidativas das células (Kazimierz e Kasprzak, 2011).

Em conclusão, os presentes resultados mostraram o efeito da suplementação com coentros no tecido testicular e nos órgãos reprodutores acessórios de ratos machos após a administração de doses baixas e altas de forma aguda e subaguda. Com a administração oral de coentros, os níveis de testosterona diminuíram significativamente. Ao mesmo tempo, a contagem de espermatozóides diminuiu. Isto mostra o seu efeito negativo direto na função reprodutora masculina. Entretanto, também se observou que o nível de ROS aumentou significativamente, o que se deveu à diminuição da atividade das enzimas celulares. Além disso, verificou-se que os oligoelementos eram significativamente mais elevados nos grupos tratados com coentros em comparação com o controlo. O presente estudo mostra que a utilização excessiva de coentros pode ter um efeito inibitório na reprodução, sugerindo que a utilização a longo prazo de coentros tem, em certa medida, um efeito anti-fertilidade, mas não a destrói completamente. O mecanismo detalhado ainda não é conhecido; é necessária mais investigação para descobrir o mecanismo exato ou a infertilidade causada pelos coentros. Este efeito inibitório dos coentros na reprodução pode ser reversível. Assim, os coentros podem estar a servir como agente contracetivo, bloqueando temporariamente a atividade reprodutiva. No futuro, são necessários mais estudos para compreender o papel exato dos coentros no eixo hipotálamo-hipófise-testículo em ratos machos e, no futuro, poderão ser utilizados como contraceptivos. Doses adequadas de coentros poderiam ser utilizadas para tratar perturbações relacionadas com a fertilidade no ser humano. Devido ao efeito contrastante dos coentros na histologia dos tecidos testiculares, são necessárias mais descobertas futuras para compreender o seu papel preciso na afetação da histologia dos tecidos testiculares em ratos machos.

REFERÊNCIAS

Aga, M., Iwaki, K., Ueda, Y., Ushio, S., Masaki, N., Fukuda, S., e Kurimoto, M. (2001). Efeito preventivo de Coriandrum sativum (salsa chinesa) na deposição localizada de chumbo em ratos ICR. *Journal of ethnopharmacology* ,**77(2):** 203-208.

Aga, M., Iwaki, K., Ueda, Y., Ushio, S., Masaki, N., Fukuda, S., e Kurimoto, M. (2001). Efeito preventivo de Coriandrum sativum (salsa chinesa) na deposição localizada de chumbo em ratos ICR. *Journal of ethnopharmacology*, *77*(2): 203-208.

Agada, P. O., e Braide, V. B. (2009). Efeito da semente de Garcinia kola na dieta sobre electrólitos séricos selecionados e metais vestigiais em ratos albinos machos.*Nigerian Journal of Physiological Sciences*, ***24***(1).

Aggarwal, B. B., eKunnumakkara, A. B. (2009).Molecular targets and therapeutic uses of spices: modern uses for ancient *medicine. World Scientific.*

Agri-facts, C. (1998). Informações práticas para a indústria agrícola de Alber-ta. *Acedido em linha em: http://agric. gov. ab. ca/agdex/100/147_20-2. html# top.*

Alessia, M.S., Shalaby, A.A., Ibrahim, N. A., e Alhader, M.S. (2014). Espermatogénese e parâmetros espermáticos de ratos induzidos por corinder. *Global jourmal of Biology, Agriculture, and health* **sciences3**:92-94.

Al-Mofleh, I. A., Alhaider, A. A., Mossa, J. S., Al-Sohaibani, M. O., Rafatullah, S., e Qureshi, S. (2006). Proteção das lesões da mucosa gástrica pelo pré-tratamento com Coriandrum sativum L. em ratos albinos Wistar. *Toxicologia e Farmacologia Ambiental*, ***22***(1): 64-69.

Al-Rowais, N. A. (2002). A medicina herbal no tratamento da diabetes mellitus. *Saudi medical journal*,***23***(11): 1327-1331.

Al-Rubaye, R. H. K. 2016. O Efeito Inibitório do Extrato Aquoso das Folhas de Coentro (Coriandrum sativum L.) na Atividade do Sistema Reprodutor Masculino de Camundongos Albinos.

Al-Said, M. S., Al-Khamis, K. I., Islam, M. W., Parmar, N. S., Tariq, M., eAgeel, A. M. (1987). Atividade antifertilidade pós-coital das sementes de Coriandrum sativum em ratos. *Jornal de etnofarmacologia*, ***21***(2): 165-173.

Al-Suhaimi, E. A. (2009). Efeito do Coriandrum sativum, um medicamento comum à base de plantas, na estrutura e função dos órgãos endócrinos e reprodutivos. *O Jornal da Internet de Medicina Alternativa*, *7*(2): 1540-2584.

Banerjee, M., e Sarkar, P. K. (2003). Microbiological quality of some retail spices in India (Qualidade microbiológica de algumas especiarias a retalho na Índia). *Food Research International*,***36***(5): 469-474.

Bannerman, R.H.(1983). Medicina tradicional nos cuidados de saúde modernos.*Harndard 26* ***(1):***

54,64.

Barros, L., Dueñas, M., Dias, M. I., Sousa, M. J., Santos-Buelga, C., e Ferreira, I. C. (2012). Perfis fenólicos de Coriandrum sativum L.*Food Chemistry,**132***(2), cultivados in vivo e in vitro: 841-848.

Basketter, D. A., Wright, Z. M., Colson, N. R., Patlewicz, G. Y., e Pease, C. K. S. (2002). Investigação da atividade sensibilizadora da pele do linalol. *Dermatite de Contacto, **47***(3): 161-164.

Batista, P. A., de Paula Werner, M. F., Oliveira, E. C., Burgos, L., Pereira, P., da Silva Brum, L. F., e dos Santos, A. R. S. (2008). Evidências do envolvimento de receptores glutamatérgicos ionotrópicos no efeito antinociceptivo do (-)-linalol em ratos.*Neuroscience letters,**440***(3): 299-303.

Beikert, F. C., Anastasiadou, Z., Fritzen, B., Frank, U., e Augustin, M. (2013). Tratamento tópico da tinea pedis com óleo de coentros a 6% em unguentumleniens: um estudo piloto aleatório, controlado e comparativo. *Dermatologia,**226***(1): 47-51.

Benjamin, J., Muir, T., Briggs, K., e Pentland, B. (2001). Um caso de hemorragia cerebral pode o Ginkgo biloba estar implicado? *Jornal médico de pós-graduação, 77*(904): 112-113.

Bhanger, M. I., Iqbal, S., Anwar, F., Imran, M., Akhtar, M., e Zia-ul-Haq, M. (2008). Potencial antioxidante de extractos de farelo de arroz e seus efeitos na estabilização de biscoitos sob armazenamento ambiente. *Jornal Internacional de Ciência e Tecnologia Alimentar, **43***(5): 779-786.

Bhuiyan, M. N. I., Begum, J., e Sultana, M. (2009). Composição química do óleo essencial de folhas e sementes de Coriandrum sativum L. do Bangladesh. *Jornal de Farmacologia do Bangladesh, **4***(2): 150-153.

Bisset, N. G. (1994).*Herbal drugs and phytopharmaceuticals: a handbook for practice on a scientific basis*. Estugarda: Medpharm Scientific Publishers xvi, 566p. ISBN 3887630254 En Originalmente publicado em alemão (1984). (EBBD, 190000550).

Boland, M. P., Lonergan, P., e O'callaghan, D. (2001). Effect of nutrition on endocrine parameters, ovarian physiology, and oocyte and embryo development. *Theriogenology,**55***(6): 1323-1340.

Brinker, F. J. (1998). *Herb contraindications and drug interactions: with appendices addressing specific conditions and medicines*. Publicações médicas eclécticas.

Farmacopeia Britânica. (2003) Introduction General Notices Monographs, medicinal and Pharmaceutical, Comissão da Farmacopeia Britânica, Londres, Volume-1 (A-I): 542-43.

Bruneton, J. (1995).*Farmacognosia, fitoquímica, plantas medicinais*. Editora Lavoisier.

Burdock, G. A., e Carabin, I. G. (2009). Avaliação da segurança do óleo essencial de coentros (Coriandrumsativum L.) como ingrediente alimentar. *Food and Chemical Toxicology,**47***(1): 22-34.

Cantore Lo, P., Iacobellis, N. S., De Marco, A., Capasso, F., andSenatore, F. (2004). Atividade antibacteriana dos óleos essenciais de Coriandrum sativum L. e Foeniculum vulgare Miller var. vulgare (Miller). *Jornal de química agrícola e alimentar*, ***52***(26): 7862-7866.

Casetti, F., Bartelke, S., Biehler, K., Augustin, M., Schempp, C. M., e Frank, U. (2012). Atividade antimicrobiana contra bactérias com relevância dermatológica e tolerância cutânea do óleo essencial de frutos de Coriandrum sativum L.. *Phytotherapy Research*,***26***(3): 420-424.

Ceska O, Chaudary SK, Warrington P, Ashwood-Smith MJ, Bushnell GW Poulton, GA. 1988. Coriandrina, um novo composto altamente fotoactivo isolado de Coriandrum sativum. Phytochem *27*: 2083-2087

Chandel, M., e Jain, G. C. (2014).Efeitos tóxicos dos metais de transição no sistema reprodutor masculino: A review. *Journal of Environmental and Occupational Science*,***3***(4), 204-213.

Chaudhry, N. M., e Tariq, P. (2006). Atividade bactericida da pimenta preta, da folha de louro, do anis e dos coentros contra isolados orais. *Jornal Paquistanês de Ciências Farmacêuticas*, ***19*** (3): 214-218.

Chithra, V., e Leelamma, S. (2000). Efeito do Coriandrum sativum no metabolismo lipídico do cancro do cólon induzido pela 1, 2-dimetil-hidrazina. *Journal of Ethnopharmacology*, ***71*** (3): 457-463.

Chung, I. M., Ahmad, A., Kim, E. H., Kim, S. H., Jung, W. S., Kim, J. H., e Nagella, P. (2012). Atividade de imunotoxicidade dos óleos essenciais de sementes de coentro (Coriandrum sativum). *Imunofarmacologia e imunotoxicologia*, ***34***(3): 499-503.

Cioanca, O., Hritcu, L., Mihasan, M., andHancianu, M. (2013). Atividades cognitivas e antioxidantes do óleo volátil de coentro inalado no modelo de rato amiloide β (142) da doença de Alzheimer. *Fisiologia e comportamento*, **120:** 193-202.

Cooksley, V. (2003). Uma intervenção integrativa de aromaterapia para cuidados paliativos.*International Journal of Aromatherapy*, ***13***(2): 128-137.

Darughe, F., Barzegar, M., andSahari, M. A. (2012). Atividade antioxidante e antifúngica do óleo essencial de coentro (Coriandrumsativum L.) em bolo. *Jornal Internacional de Investigação Alimentar*, **19**(3): 1253-1260.

De Sousa, D. P., Nóbrega, F. F., Santos, C. C., e de Almeida, R. N. (2010). Atividade anticonvulsivante dos enantiómeros e racemato do linalol: investigação da influência quiral. *Natural product communications*, ***5***(12): 1847-1851.

Deans, S. G., e Ritchie, G. (1987). Propriedades antibacterianas de óleos essenciais de plantas. *Revista internacional de microbiologia alimentar*, ***5***(2): 165-180.

Delaquis, P. J., Stanich, K., Girard, B., eMazza, G. (2002). Antimicrobial activity of individual and mixed fractions of dill, cilantro, coriander and eucalyptus essential oils. *Revista internacional de microbiologia alimentar*, ***74***(1): 101-109.

Desai, S., Devkar, R., Patel, D., e Ramachandran, A. V. (2012). Avaliação toxicológica aguda e subcrónica do extrato hidrometanólico de sementes de Coriandrum sativum L..

Dhanapakiam, P., Joseph, J. M., Ramaswamy, V. K., Moorthi, M., e Kumar, A. S. (2007). A propriedade redutora de colesterol das sementes de coentros (Coriandrumsativum): mecanismo de ação. *Jornal de Biologia Ambiental*, ***29***(1): 53.

Dhankar S, Kaur R, Ruhil S, Balhara M, Dhankhar S, Chhillar AK (2011). Uma revisão sobre Justicia adhatodaUma fonte potencial de medicina natural. Afr. J. Plant Sci. ***5***(11):620-627

Di Almeida Freires, I., Murata, R. M., Furletti, V. F., Sartoratto, A., de Alencar, S. M., Figueira, G. M., e Rosalen, P. L. (2014). Óleo essencial de Coriandrum sativum L. (coentro): atividade antifúngica e modo de ação sobre Candida spp. e alvos moleculares afetados na expressão do genoma completo humano. *PloS one*, ***9*** (6): e99086.

Dias, M. I., Barros, L., Sousa, M. J., e Ferreira, I. C. (2011). Estudo comparativo de antioxidantes lipofílicos e hidrofílicos de Coriandrum sativum cultivado in vivo e in vitro. *Alimentos vegetais para a nutrição humana*, ***66***(2): 181-186.

Diederichsen, A., e Hammer, K. (2003). The infraspecific taxa of coriander (Coriandrum sativum L.).*Genetic Resources and Crop Evolution*, ***50***(1): 33-63.

Divya, P., Puthusseri, B., eNeelwarne, B. (2012). Teor de carotenóides, a sua estabilidade durante a secagem e a atividade antioxidante das variedades comerciais de coentros (Coriandrumsativum L.). *Food Research International*,***45***(1): 342-350.

Dodds, C. J., Henderson, I. F., Watson, P., e Leake, L. D. (1999). Ação de extractos de apiaceae no comportamento alimentar e na neurofisiologia da lesma do campo Derocerasreticulatum. *Journal of chemical ecology*, **25**(9): 2127-2145.

Duarte, A., Ferreira, S., Silva, F., e Domingues, F. C. (2012). Atividade sinérgica do óleo de coentros e antibióticos convencionais contra Acinetobacter baumannii. *Phytomedicine*, ***19***(3): 236-238.

Duke, J. A. (2002).*Handbook of medicinal herbs*. CRC press.

Duman, A. D., Telci, I., Dayisoylu, K. S., Digrak, M., Demirtas, I., e Alma, M. H. (2010). Avaliação da bioatividade dos óleos essenciais ricos em linalol das variedades Ocimumbasilucum e Coriandrum sativum. *Natural product communications*,***5***(6): 969-974.

Eguale, T., Tilahun, G., Debella, A., Feleke, A., e Makonnen, E. (2007). Atividade anti-helmíntica in vitro e in vivo de extractos brutos de Coriandrum sativum contra Haemonchuscontortus.*Journal of Ethnopharmacology*,***110***(3): 428-433.

Eidi, M., Eidi, A., Saeidi, A., Molanaei, S., Sadeghipour, A., Bahar, M., e Bahar, K. (2009). Efeito do extrato de etanol de sementes de coentros (Coriandrum sativum L.) na libertação de insulina das células beta pancreáticas em ratos diabéticos induzidos por estreptozotocina. *Phytotherapy*

Research,23(3): 404-406.

Elgayyar, M., Draughon, F. A., Golden, D. A., e Mount, J. R. (2001). Antimicrobial activity of essential oils from plants against selected pathogenic and saprophytic microorganisms. *Journal of Food Protection, 64*(7):1019-1024.

El-Gohary, M., Awara, W. M., Nassar, S., e Hawas, S. (1999). Apoptose testicular induzida por deltametrina em ratos: o efeito protetor do inibidor da óxido nítrico sintase. *Toxicologia, 132* (1): 1-8.

El-Lithy, N. A., El-Saeed, G. S. M., Wahby, M. S., e Khalil, M. Y. (2012). Eficácia do óleo essencial de Coriandrum sativum L. como antidiabético. *J Appl Sci 8 (7): 3646, 3655.*

Emamghoreishi, M., Khasaki, M., e Aazam, M. F. (2005). Coriandrum sativum: avaliação do seu efeito ansiolítico no labirinto em cruz elevado.*Journal of Ethnopharmacology* ,**96**(3): 365-370.

Mutagénese Ambiental e Molecular.2015: Francesco Marchetti: (Toxicologia); 46/225 (Ciências do Ambiente); (Genética e Hereditariedade) 56/165: 1098-2280

Ernst, E. (2003). Efeitos adversos psiquiátricos e neurológicos graves dos medicamentos à base de plantas - uma revisão sistemática. *ActaPsychiatricaScandinavica*, **108**(2): 83-91.

Ertas, O. N., Guler, T., Ciftci, M., Dalkilic, B., e Yilmaz, O. (2005). O efeito de um suplemento dietético de sementes de coentros na composição de ácidos gordos do músculo do peito em codornizes japonesas.*Revue de médecinevétérinaire, 156*(10): 514.

Evans, J. J. (1999). Modulação dos níveis de gonadotropina por péptidos que actuam na glândula pituitária anterior. *Endocrine reviews, 20*(1): 46-67.

Eyres, G., Dufour, J. P., Hallifax, G., Sotheeswaran, S., e Marriott, P. J. (2005). Identificação de odorantes de impacto de carácter em coentros e folhas de coentros selvagens utilizando cromatografia gasosa-olfatometria (GCO) e espetrometria de massa bidimensional abrangente por cromatografia gasosa-tempo de voo (GC× GC-TOFMS). *Journal of separation science* ,**28**(9-10): 1061-1074.

Facciola, S., 1990. Coriandrum sativum. Cornucopia: A Source Book of Edible Plants. Kampong Publications, Vista, CA. pp. 14-15

Freires De Almeida, I., Murata, R. M., Furletti, V. F., Sartoratto, A., de Alencar, S. M., Figueira, G. M., eRosalen, P. L. (2014). Coriandrum sativum L.
(coentros): atividade antifúngica e modo de ação em Candida spp. e alvos moleculares afectados na expressão de todo o genoma humano. *PloS one, 9*(6): e99086.

Furletti, V. F., Teixeira, I. P., Obando-Pereda, G., Mardegan, R. C., Sartoratto, A., Figueira, G. M.,andHöfling, J. F. (2011). Ação do óleo essencial de Coriandrum sativum L. sobre a formação de biofilme oral de Candida albicans. *Medicina Complementar e Alternativa Baseada em Evidências.*

Gallagher, A. M., Flatt, P. R., Duffy, G., e Abdel-Wahab, Y. H. A. (2003). The effects of traditional antidiabetic plants on in vitro glucose diffusion. *Nutrition research,23*(3): 413-424.

Gomez-Flores, R., Hernández-Martínez, H., Tamez-Guerra, P., Tamez-Guerra, R., Quintanilla-Licea, R., Monreal-Cuevas, E., e Rodríguez-Padilla, C. (2010). Potencial antitumoral e imunomodulador de Coriandrum sativum. *Journal of Natural Products,* **3**:457-463.

Guerra, N., e Melo, E. (2005). Filho, J. Caracterização de compostos antioxidantes em extrato etéreo de coentros (Coriandrum sativum L.). *Revista de Composição e Análise de Alimentos*, **18:** 193-199.

Guimaraes, A. G., Quintans, J. S., e Quintans-Júnior, L. J. (2013). Monoterpenos com atividade analgésica uma revisão sistemática. *Phytotherapy Research*, ***27*** (1): 1-15.

Hammer, K. A., Carson, C. F., e Riley, T. V. (1999). Antimicrobial activity of essential oils and other plant extracts (Atividade antimicrobiana de óleos essenciais e outros extractos de plantas). *Journal of applied microbiology*, ***86***(6): 985990.

Hashmi, D. R., Ismail, S., e Shaikh, G. H. (2007). Assessment of the level of trace metals in commonly edible vegetables locally available in the markets of Karachi city. *Pakistan Journal of Botany*, ***39***(3): 747-751.

Hashmi, D. R., Ismail, S., e Shaikh, G. H. (2007). Avaliação do nível de metais vestigiais em vegetais comestíveis comuns disponíveis localmente nos mercados da cidade de Karachi.*Pakistan Journal of Botany*, ***39***(3): 747-751.

Hasspielar,B.M.,BeharJ.V.,DiGiulio,R.T.. 1994.Glutathione dependent defense in channel catfish (Ictaluruspunctatus) and brown bullhead (Ameuirusnebulosus). Ecotoxicol.Environ.Saf.***28***:82-90.

Hedge HC, Sterner JH.1949; Tabulação das classes de toxicidade. Associação Americana de Higiene Industrial Q ***10***: 93-96

Heibatullah, K., Marzieh, P., Arefeh, I., e Ebrahim, M. (2008). Determinação da genotoxicidade da gota de coentros e do extrato de coentros Sativum em cultura de fibroblastos de embrião de rato através do ensaio cometa. *Saudi Pharmaceutical Journal*, ***16***(1): 85-88.

Hodge, H. C., e Sterner, J. H. (1949). Tabulação das classes de toxicidade. *American Industrial Hygiene Association Quarterly*,***10***(4): 93-96.

Hore, A. (1979). Improvement of minor (Umbelliferous) spices in India (Melhoramento de especiarias menores (Umbelíferas) na Índia). *Botânica Económica*, ***33*****(3):** 290-297.

Horowitz, R. S., Feldhaus, K., Dart, R. C., Stermitz, F. R., e Beck, J. J. (1996).
O espetro clínico da toxicidade de Jin Bu Huan. *Arquivos de medicina interna*, ***156***(8): 899-903.

Issam T. Abdul-Wahaab, Malak A. Al-Yawer, Fadhel A. Al - Khafaji2015. Efeitos do Coriandrum Sativum na Espermatogénese do Testículo de Rato: Histológico e Morfométrico Revista médica de pós-graduação iraquiana ***14***(2).

Jagtap, A. G., Shirke, S. S., e Phadke, A. S. (2004). Efeito da formulação poli-herbácea em modelos experimentais de doenças inflamatórias intestinais. *Journal of ethnopharmacology*, ***90***(2): 195-204.

Joji Reddy L, Devi Jalli R, Jose B, Gopu S. 2012. Avaliação das actividades antibacterianas e de eliminação do radical DPPH dos extractos de folhas e do óleo essencial de folhas de Coriandrum sativum Linn.World J Pharm Res 2012; *1* (3):705-16.

Kaiser, U. B., Conn, P. M., e Chin, W. W. (1997). Estudos da ação da hormona libertadora de gonadotropina (GnRH) utilizando linhas celulares hipofisárias que expressam o recetor de GnRH 1.*Endocrine reviews*, ***18*(1):** 46-70.

Kalemba, D., e Kunicka, A. (2003). Propriedades antibacterianas e antifúngicas dos óleos essenciais. *Química medicinal atual*, ***10***(10): 813-829.

Kamat, A., Pingulkar, K., Bhushan, B., Gholap, A., e Thomas, P. (2003). Potential application of low dose gamma irradiation to improve the microbiological safety of fresh coriander leaves. *Food Control*, ***14***(8) 529-537.

Kanimozhi, D., e Bai, V. R. (2012). Análise dos Componentes Bioactivos do Extrato Etanólico de Coriandrum Sativum L. *Revista Internacional de Investigação em Farmácia e Ciência*,***2***(3).

Kansal, L. E., Sharma, A. R., e Lodi, H. (2012). Efeito corretor dos extractos de coriandrum sativum (coentros) nos danos oxidativos induzidos pelo chumbo nos tecidos moles de ratinhos albinos suíços. *Int JPharm Pharm Sci*,**4:** 729-736.

Kansal, L., Sharma, V., Sharma, A., Lodi, S., e Sharma, S. H. (2011). Papel protetor dos extractos de coriandrum sativum (coentros) contra o stress oxidativo induzido pelo nitrato de chumbo e os danos nos tecidos do fígado e dos rins em ratos machos.

Kapoor, L. D. (1990). CRC handbook of Ayurvedic plants.

Kasprzak, K. S. (2011). Papel dos danos oxidativos na carcinogénese induzida por metais. Em *Cellular Effects of Heavy Metals* (*Efeitos celulares dos metais pesados*) (pp. 237-259). Springer Netherlands.

Khan, S. W., e Khatoon, S. (2008). Estudos etnobotânicos sobre algumas ervas úteis dos vales de Haramosh e Bugrote em Gilgit, áreas do norte do Paquistão. *Pakistan Journal of Botany*, ***40***(1): 43.

Khan, S. W., e Khatoon, S. (2008). Estudos etnobotânicos sobre algumas ervas úteis dos vales de Haramosh e Bugrote em Gilgit, áreas do norte do Paquistão. *Pakistan Journal of Botany*,**40(1):** 43.

Khani, A., e Rahdari, T. (2012). Composição química e atividade inseticida do óleo essencial de sementes de Coriandrum sativum contra Tribolium confusum e Callosobruchusmaculatus. *ISRN pharmaceutics*.

Kiehn FA, Reimer M. (1992). Alternative crops for the prairies (Culturas alternativas para as pradarias). Estação de Investigação da Agricultura do Canadá, Morden, Manitoba, p 15-16.

Kubo, I., Fujita, K. I., Kubo, A., Nihei, K. I., e Ogura, T. (2004). Atividade antibacteriana de compostos voláteis de coentros contra Salmonella choleraesuis. *Jornal de química agrícola e alimentar*, **52**(11): 3329-3332.

Lal, A. A. S., Kumar, T., Murthy, P. B., e Pillai, K. S. (2004). Hypolipidemic effect of Coriandrum sativum L. in triton-induced hyperlipidemic rats.*Indian journal of experimental biology*, **42**(9): 909-912.

Langeveld, W. T., Veldhuizen, E. J., e Burt, S. A. (2014). Sinergia entre componentes de óleos essenciais e antibióticos: uma revisão. *Revisões críticas em microbiologia*, **40**(1): 76-94.

Lawrence, B. M. (1993). Um esquema de planeamento para avaliar novas plantas aromáticas para as indústrias de aromas e fragrâncias. *Novas culturas*, 620-627.

Letizia, C. S., Cocchiara, J., Lalko, J., eApi, A. M. (2003). Revisão de material de fragrância sobre o linalol.*Food and Chemical Toxicology*,**41(7):** 943-964.

Leung, A. Y., e Foster, S. (1996). Coentros. Enciclopédia de Ingredientes Naturais Comuns.

Lombardi, J. (1998).*Comparative vertebrate reproduction*. Springer Science and Business Media.

López, P. A. (2006).*Diversidade fenotípica, bioquímica e molecular no germoplasma de coentros (Coriandrumsativum L.)*. ProQuest.

Loro, V.L., Jorge, M.B., Silva, K.R., Wood, C.M. (2012).Parâmetros de stress oxidativo e resposta antioxidante ao zinco subletal de origem aquática no teleósteo aeuryhaline Fun dulusheteroclitus: efeitos protectores da salinidade.Aquat.Toxicol.110- 111:187-193

Laribi, B., Kouki, K., M'Hamdi, M., & Bettaieb, T. (2015). Coentro (Coriandrum sativum L.) e seus constituintes bioativos. *Fitoterapia*, ***103***, 9-26.

Louria, D. B., Joselow, M. M., e Browder, A. A. (1972). The human toxicity of certain trace elements. *Annals of internal medicine*, ***76***(2): 307-319.

Mageed, M. A. A. E., Mansour, A. F., El Massry, K. F., Ramadan, M. M., Shaheen, M. S., e Shaaban, H. (2012). Efeito das micro-ondas nos óleos essenciais de sementes de coentros e cominhos e nas suas actividades antioxidantes e antimicrobianas. *Journal of Essential Oil Bearing Plants*, ***15***(4): 614-627.

Mahendra, P., e Bisht, S. (2011). Atividade anti-ansiedade de Coriandrum sativum avaliada utilizando diferentes modelos experimentais de ansiedade. *Revista indiana de farmacologia*, ***43***(5): 574.

Mandal, S., e Mandal, M. (2015). Óleo essencial de coentro (Coriandrum sativum L.): Química e atividade biológica. *Jornal do Pacífico Asiático de Biomedicina Tropical*, ***5***(6): 421-428.

Mani, V., e Parle, M. (2009). Atividade de melhoria da memória de Coriandrum sativum em ratos. *Pharmacologyonline*,***2***: 827-39.

Marangoni, C., e Moura, N. F. D. (2011). Atividade antioxidante do óleo essencial de Coriandrum Sativum L. em salame italiano. *Ciência e Tecnologia de Alimentos (Campinas)*,***31***(1): 124-128.

Matasyoh, J. C., Maiyo, Z. C., Ngure, R. M., e Chepkorir, R. (2009). Composição química e atividade antimicrobiana do óleo essencial de Coriandrumsativum.*Food Chemistry*, ***113***(2): 526-529.

Mates, J. M. (2000). Effects of antioxidant enzymes in the molecular control of reactive oxygen species toxicology (Efeitos das enzimas antioxidantes no controlo molecular da toxicologia das espécies reactivas de oxigénio). *Toxicologia*, ***153***(1): 83-104.

Matsumura, Y., e Ananthaswamy, H. N. (2004). Toxic effects of ultraviolet radiation on the skin (Efeitos tóxicos da radiação ultravioleta na pele). *Toxicologia e farmacologia aplicada*, ***195***(3): 298-308.

Meena, M. R., e Sethi, V. I. J. A. Y. (1994). Antimicrobial activity of essential oils from spices (Atividade antimicrobiana de óleos essenciais de especiarias). *Journal of food science and technology. Mysore*, ***31***(1): 68-70.

Meyer, B. N., Ferrigni, N. R., Putnam, J. E., Jacobsen, L. B., Nichols, D. J., e McLaughlin, J. L. (1982). Camarão salmoura: um bioensaio geral conveniente para constituintes activos de plantas. *Planta medica*,***45***(05): 31-34.

Mhemdi, H., Rodier, E., Kechaou, N., eFages, J. (2011). Um processo supercrítico sintonizável para a extração selectiva de gorduras e óleo essencial de sementes de coentros. *Journal of Food Engineering*, ***105***(4): 609-616.

Momin, A. H., Acharya, S. S., e Gajjar, A. V. (2012). Coriandrum sativum- revisão dos avanços em fitofarmacologia.*International Journal of Pharmaceutical Sciences and Research*, ***3***(5): 1233

Monteiro, D. A., De Almeida, J. A., Rantin, F. T., e Kalinin, A. L. (2006). Biomarcadores de stress oxidativo no peixe characídeo de água doce, Brycon cephalus, exposto ao inseticida organofosforado Folisuper 600 (metilparatião). *Comparative Biochemistry and Physiology Part C: Toxicology and Pharmacology*,***143***(2): 141-149.

Moritz, F., Compagnon, P., Kaliszczak, I. G., Kaliszczak, Y., Caliskan, V., e Girault, C. (2005). Intoxicação aguda grave com cápsulas caseiras de Aconitum napellus: dados toxicocinéticos e clínicos. *Toxicologia Clínica*, **43(7):** 873-876.

Nadeem, M., Muhammad Anjum, F., Issa Khan, M., Tehseen, S., El-Ghorab, A., e Iqbal Sultan, J. (2013). Aspectos nutricionais e medicinais dos coentros (Coriandrumsativum L.) Uma revisão. *British Food Journal*, ***115***(5): 743-755.

Nambiar, V. S., Daniel, M., eGuin, P. (2010). Caracterização de polifenóis de folhas de coentro (Coriandrumsativum), amaranto vermelho (A. paniculatus) e amaranto verde (A. frumentaceus) usando cromatografia em papel e suas implicações para a saúde. *Journal of Herbal Medicine and Toxicology*,***4***(1): 173-177.

Naquvi, K. J., Ali, M. O. H. D., e Ahmad, J. (2004). Atividade antidiabética do extrato aquoso de frutos de Coriandrumsativum L. em ratos induzidos por estreptozotocina. *Jornal Indiano de Biologia Experimental*, ***42***(9): 909-12.

NefTati, M., e Marzouk, B. (2008). Alterações no óleo essencial e na composição de ácidos gordos das folhas de coentros (Coriandrum sativum L.) em condições salinas. ***28***(2): 137-142.

Norman J. 1990. The complete book of spices. Dorling Kindersley

Oganesyan, E. T., Nersesyan, Z. M., e Parkhomenko, A. Y. (2007). Chemical composition of the above-ground part of Coriandrum sativum (Composição química da parte aérea de Coriandrum sativum). *Pharmaceutical Chemistry Journal*,**41(3):** 149-153.

Opdyke, D. L. J. (1973). Monografias sobre matérias-primas para perfumaria. *Food and cosmetics toxicology*, ***11*** (4): 1011-1081.

Padalia, R. C., Karki, N., Sah, A. N., e Verma, R. S. (2011). Constituintes voláteis do óleo essencial de folhas e sementes de Coriandrum sativum L. *Journal of Essential Oil Bearing Plants*, ***14***(5): 610-616

Pandey, A., Bigoniya, P., Raj, V., e Patel, K. K. (2011). Triagem farmacológica de Coriandrum sativum Linn. Para atividade hepatoprotectora. *Journal of Pharmacy and Bioallied Sciences*, ***3***(3): 435.

Pandeya, K. B., Tripathi, I. P., Mishra, M. K., Dwivedi, N., Pardhi, Y., Kamal, A.,e Mishra, C. (2013). Uma revisão crítica sobre medicamentos tradicionais à base de plantas: Um medicamento alternativo emergente para diabetes.

Panel, T. R. E., Bickers, D., Calow, P., Greim, H., Hanifin, J. M., Rogers, A. E., e Tagami, H. (2003). A toxicologic and dermatologic assessment of linalool and related esters when used as fragrance ingredients. *Food and Chemical Toxicology*, ***41***(7): 919-942.

Patel DK, Desai SN, Devkar RV, Ramachandran AV.(2011). O extrato aquoso de Coriandrum sativum L. atenua a resistência à insulina induzida por uma dieta rica em gordura, controlando a adiposidade visceral em ratos C57BL/6J. Bol Latinoam Caribe Plant Med Aromat; ***10***: 127-35.

Pathan, A. R., Kothawade, K. A., eLogade, M. N. (2011). Efeito ansiolítico e analgésico das sementes de Coriandrum sativum Linn. *Jornal Interno de Investigação em Farmácia e Química*, ***1***: 1087-1099.

Peana, A. T., Paolo, S. D., Chessa, M. L., Moretti, M. D., Serra, G., e Pippia, P. (2003). O linalol produz antinocicepção em dois modelos experimentais de dor. *Revista Europeia de Farmacologia*, ***460***(1): 37-41.

Perez-Campo, R., Lopez-Torres, M., Rojas, C., Cadenas, S., e Barja, G. (1993). Um estudo comparativo dos radicais livres em vertebrados-I. Enzimas antioxidantes. *Comparative Biochemistry and Physiology Part B: Comparative Biochemistry*, ***105***(3): 749-755.

Peter, K. V. (Ed.). (2006). *Handbook of herbs and spices* (Vol. **3**). Wood head publishing

Farmacopeia, B. (2004). Introdução Comunicações Gerais Monografias, Medicamentos e Produtos Farmacêuticos ***Volume-1***, (AI)*Monografia da quinta edição da Farmacopeia Europeia.*

Pillai, P. K. T., e Nambiar, M. C. (1982). Condiments.*Cultivation and Utilization of Aromatic Plants*, 167-189.

Platel, K., e Srinivasan, K. (2004). Ação estimulante digestiva das especiarias: um mito ou uma realidade? *Indian Journal of Medical Research*, (5): 167.

Politano, V. T., Lewis, E. M., Hoberman, A. M., Christian, M. S., Diener, R. M., e Api, A. M. (2008). Avaliação da toxicidade para o desenvolvimento do linalol em ratos. *Revista internacional de toxicologia*, *27*(2): 183-188.

Princewill, O. I., Uchenna, A. E., Charles, O. I., e Uwaezuoke, I. M. (2015).Interações entre os minerais da dieta e a reprodução em animais de criação. *Jornal Global de Pesquisa Científica Animal*, *3*(2): 524-535.

Purseglove, J. W., Brown, E. G., Green, C. L., e Robbins, S. R. J. (1981). *Especiarias. Vol. 1*. Longman.

ssQazi, M. C. B., Heifetz, Y., e Wolfner, M. F. (2003). Os desenvolvimentos entre a gametogénese e a fertilização: ovulação e armazenamento de esperma feminino em Drosophila melanogaster. *Biologia do desenvolvimento*, ***256***(2): 195-211.

Quintans-Júnior, L. J., Barreto, R. S., Menezes, P. P., Almeida, J. R., Viana, A. F. S., Oliveira, R., eAraújo, A. A. (2013). O (-) linalol complexado com β-ciclodextrina produz efeito antinociceptivo superior ao do (-)-linalol em protocolos de dor experimental. *Farmacologia básica e clínica e toxicologia*, ***113***(3): 167-172.

Rajeshwari, U., Shobha, I., e Andallu, B. (2011). Comparação de sementes de anis e sementes de coentro para atividades antidiabéticas, hipolipidêmicas e antioxidantes *Spatula DD- Peer Reviewed Journal on Complementary Medicine and Drug Discovery*, ***1*** (1): 9-16.

Ramadan, M. F., e Moersel, J. T. (2006). Rastreio da ação antirradicalar de óleos vegetais. *Journal of Food Composition and Analysis*, ***19***(8): 838-842.

Ramanujam, C. P. (1964). Uma nota sobre grupos de automorfismo de *variedades* algébricas,.*Mathematische Annalen*, ***156***(1): 25-33.

Rastogi, R. P., Mehrotra, B. N., & Pastogi, R. P. (1995). *Compêndio de plantas medicinais indianas* (Vol. 4, p. 394). Central Drug Research Institute; Direção de Publicações e Informação.

Ravizza R, Gariboldi MB, Molteni R, Monti E. 2008. O linalol, um álcool monoterpeno derivado de plantas, reverte a resistência à doxorrubicina em células de adenocarcinoma da mama humana. Oncol Rep; ***20***(3): 625-30

Reddy, V., Urooj, A., e Kumar, A. (2005). Avaliação da atividade antioxidante de alguns extractos de plantas e sua aplicação em biscoitos. *Food Chemistry*, ***90***(1): 317-321.

Ren, H., Jia, H., Endo, H., e Hayashi, T. (2009). Efeito de desintoxicação de cádmio da salsa chinesa Coriandrum sativum no fígado e nos rins da truta arco-íris Oncorhynchus mykiss. *Fisheries Science*, ***75***(3): 731-741.

Reuter, J., Huyke, C., Casetti, F., Theek, C., Frank, U., Augustin, M., e Schempp, C. (2008).

Potencial anti-inflamatório de uma lipoloção contendo óleo de coentros no teste do eritema ultravioleta. *JDDG: Journal der Deutschen Dermatologischen Gesellschaft*, ***6***(10): 847-851.

Reyes, M. R., Reyes-Esparza, J., Ángeles, O. T., e Rodríguez-Fragoso, L. (2010). Avaliação da mutagenicidade e da segurança do extrato aquoso das folhas de Coentros sativum. *Journal of food science*, ***75***(1): T6-T12.

Röhrdanz, E., Ohler, S., Tran-Thi, Q. H., e Kahl, R. (2002). O fitoestrogénio daidzeína afecta o sistema de enzimas antioxidantes das células de hepatoma de rato H4IIE. *The Journal of nutrition*, ***132***(3): 370-

Saad, B., Azaizeh, H., Abu-Hijleh, G., e Said, O. (2006). Segurança da medicina tradicional árabe à base de plantas. *Evidence-Based Complementary and Alternative Medicine*, ***3***(4): 433-439.

Sahib, N. G., Anwar, F., Gilani, A. H., Hamid, A. A., Saari, N., e Alkharfy, K. M. (2013). Coentros (Coriandrum sativum L.): Uma fonte potencial de componentes de alto valor para alimentos funcionais e nutracêuticos - uma revisão. *Phytotherapy Research*, ***27***(10): 1439-1456.

Saradha, B., e Mathur, P. P. (2006). Effect of environmental contaminants on male reproduction (Efeito dos contaminantes ambientais na reprodução masculina). *Toxicologia e farmacologia ambiental*, ***21*** (1): 34-41.

Schrag, S. D., e Dixon, R. L. (1985). Exposições ocupacionais associadas à disfunção reprodutiva masculina. *Revisão anual de farmacologia e toxicologia*, ***25***(1): 567-592.

Sever, L. E., e Hessol, N. A. (1983).*Toxic effects of occupational and environmental chemicals on the testes* (No. PNL-SA-11744). Pacific Northwest Lab, Richland, WA (EUA); Washington Univ., Seattle (EUA). Escola de Saúde Pública.

Shahwar, M. K., El-Ghorab, A. H., Anjum, F. M., Butt, M. S., Hussain, S., e Nadeem, M. (2012). Caracterização de sementes e folhas de coentros (Coriandrum sativum L.): extractos voláteis e não voláteis. *Revista Internacional de Propriedades Alimentares*, ***15***(4): 736-747.

Shao, B., Zhu, L., Dong, M., Wang, J., Wang, J., Xie, H. e Zhu, S. (2012). Danos no ADN e stress oxidativo induzidos pela exposição ao endosulfan no peixe-zebra (Danio rerio). *Ecotoxicologia*, ***21*** (5): 1533-1540.

Sharma, T. P., Herkimer, C., West, C., Ye, W., Birch, R., Robinson,J. E.,e Padmanabhan, V. (2002). Fetal programming: prenatal androgen disrupts positive feedback actions of estradiol but does not affect timing of puberty in female sheep. *Biology of reproduction*, ***66*****(4):** 924-933.

Sharma, V., Kansal, L., e Sharma, A. (2010). Eficácia profiláctica de Coriandrum sativum (Coentros) em testículos de ratos expostos ao chumbo.*Biological trace element research*, ***136***(3): 337-354.

Shcherbakov, V. P. (2010). A espécie biológica é a única forma de existência possível para os organismos superiores: o significado evolutivo da reprodução sexual. *Biology direct*, ***5*** (1): 1.s

Shi,X.,Gu,A.,Ji,G.,Li,Y.,Di,J.,Jin, J., Hu, F., Long, Y., Xia, Y., Lu, C. (2011).Toxicidade para o desenvolvimento das fases larvais do embrião de peixe-zebra da cipermetrina. Chemo-sphere sciences.J.Toxicol.Sci85: 1010-1016.***39***:829-836.

Silva, F., Ferreira, S., Duarte, A., Mendonça, D. I., e Domingues, F. C. (2011). Atividade antifúngica do óleo essencial de Coriandrum sativum, seu modo de ação contra espécies de Candida e potencial sinergismo com anfotericina B. *Phytomedicine*, ***19*** (1): 42-47.

Silva, F., Ferreira, S., Queiroz, J. A., e Domingues, F. C. (2011). Óleo essencial de coentro (Coriandrum sativum L.): sua atividade antibacteriana e modo de ação avaliados por citometria de fluxo. *Journal of Medical Microbiology*, ***60***(10): 1479-1486.

Singh, G., Maurya, S., De Lampasona, M. P., e Catalan, C. A. (2006). Estudos sobre óleos essenciais, Parte 41. Composição química, actividades antifúngicas, antioxidantes e supressoras de rebentos do óleo essencial de coentros (Coriandrum sativum) e da sua oleorresina. *Flavour and fragrance journal*, ***21***(3): 472-479.

Small, E., e National Research Council Canada. (1997). nbbbbbbbbbbbbbbBr *ervas* culinárias (pp. 438-456). Ottawa: NRC Research Press.

Soares, B. V., Morais, S. M., dos Santos Fontenelle, R. O., Queiroz, V. A., Vila- Nova, N. S., Pereira, C.,e Castelo-Branco, D. S. (2012). Atividade antifúngica, toxicidade e composição química do óleo essencial dos frutos de Coriandrum sativum L.. *Molecules*, ***17***(7): 8439-8448.

Sriti J, Talou T, Wannes WA, Cerny M, Marzouk B. 2009a. Óleo essencial, ácido gordo e composição de esterol de diferentes partes do coentro tunisino. J Sci Food Agri **89:** 1659-1664.

Sriti J, Wannes WA, Talou T, Mhamdi B, Cerny M, Marzouk B. 2009b. Perfil lipídico das sementes de coentros da Tunísia (Coriandrum sativum). J Am Oil Chems Soc **87**: 395-400.

Sonika, G., Manubala, R., e Deepak, J. (2010). Estudos comparativos sobre a atividade anti-inflamatória de Coriandrum sativum, Datura stramonium e Azadirachta Indica. *Asian JExp Biol Sci*, ***1*** (1): 151-154.

Sreelatha, S., e Inbavalli, R. (2012). Efeitos Antioxidantes, Anti-hiperglicémicos e Anti-hiperlipidémicos da Folha e Caule de Coriandrum sativum em Ratos Diabéticos Induzidos por Alloxan. *Journal ofood science*, *77* (7): T119-T123.

Sreelatha, S., Padma, P. R., e Umadevi, M. (2009). Efeitos protectores dos extractos de Coriandrum sativum na hepatotoxicidade induzida pelo tetracloreto de carbono em ratos. *Food and Chemical Toxicology*, ***47***(4): 702-708.

Stashenko, E. E., Puertas, M. A., e Martínez, J. R. (2002). SPME determination of volatile aldehydes for evaluation of in-vitro antioxidant activity (Determinação SPME de aldeídos voláteis para avaliação da atividade antioxidante in-vitro). *Analytical and bioanalytical chemistry*, ***373***(1-2):

70-74.

Tang, E. L., Rajarajeswaran, J., Fung, S. Y., e Kanthimathi, M. S. (2013). Atividade antioxidante de Coriandrum sativum e proteção contra danos ao DNA e migração de células cancerígenas. *BMC medicina complementar e alternativa, **13***(1): 1.

Telci, I., Toncer, O. G., e Sahbaz, N. (2006). Rendimento, teor e composição do óleo essencial das variedades de Coriandrum sativum (var. vulgare Alef e var. microcarpum DC.) cultivadas em dois locais diferentes. *Journal of Essential Oil Research, **18***(2): 189193.

Thejashwini, M. S., e Krishna, R. H. (2012). Efeito antifertilidade reversível de Cyamposis psoralioides em ratos albinos suíços machos. *Jornal Internacional de pesquisa biológica avançada, **2***(4): 657-665.

Thejashwini, M. S., Ram, K. H. e Shivabasavqaih. (2004). Efeito anti-fertilidade reversível de *Cyamposis psoralioides* em ratos albinos suíços machos. *International Journal ofAdvanced Biological Research, **2***(4): pp: 657-665

Thomas JA (Ed). (1985). Endocrine Toxicology. Nova Iorque, Raven Press, pp 21 1247

Trenzado, C., Hidalgo, M. C., García-Gallego, M., Morales, A. E., Furné, M., Domezain, A., e Sanz, A. (2006). Enzimas antioxidantes e peroxidação lipídica no esturjão Acipenser naccarii e na truta Oncorhynchus mykiss. Um estudo comparativo. *Aquaculture, **254***(1): 758-767.

Tvrda, E., Peer, R., Sikka, S. C., e Agarwal, A. (2015). Ferro e cobre na reprodução masculina: uma faca de dois gumes. *Jornal de reprodução assistida e genética*, **32**(1): 3-16.

Uhl SR. (2000). Coriander Handbook of Spices, Seasonings, and Flavorings. Technomic Publishing Co., Inc., Lancaster, PA, pp: 94- 97.

Vaidyaratnam, P. S. V., e Variers, S. (1994). Indian medicinal plants: a compendium of 500 species. *Orient Longman Ltd., Madras, **4***: 59-64.

Van der Oost, R., Beyer, J., Vermeulen, N.P.E. (2003). Bioacumulação em peixes e biorreferências na avaliação dos riscos ambientais: uma perspetiva. Pharmacol. **13**: 57-149.

Velaga, M. K., Yallapragada, P. R., Williams, D., Rajanna, S., e Bettaiya, R. (2014). O extrato hidroalcoólico de sementes de Coriandrum sativum (Coentro) alivia o estresse oxidativo induzido por chumbo em diferentes regiões do cérebro de ratos. *Pesquisa de oligoelementos biológicos, **159***(1-3): 351-363.

Wagner, B. A., Buettner, G. R., Oberley, L. W., e Burns, C. P. (1998). A sensibilidade das células K562 e HL-60 à edelfosina, um fármaco lipídico de éter, está correlacionada com a produção de espécies reactivas de oxigénio. *Investigação sobre o cancro, **58***(13): 2809-2816.

Waheed, A. K. B. A. R., Miana, G. A., Ahmad, S. I., e Khan, M. A. (2006). Investigação clínica do efeito hipoglicémico do Coriandrum sativum em doentes diabéticos de tipo 2 (NIDDM). *Jornal de Farmacologia do Paquistão, **23***(1): 7-11.

Wichtl, M., (1994). Coriandrifructus. Herbal Drugs and Phytopharmaceuticals. CRC Press, Boca Raton, FL. pp. 159-160

Wong, P. Y., e Kitts, D. D. (2006). Estudos sobre as propriedades antioxidantes e antibacterianas duplas dos extractos de salsa (Petroselinum crispum) e coentros (Coriandrum sativum). *Química alimentar*, ***97*(3):**

Organização Mundial de Saúde. (2004). Diretrizes da OMS sobre a monitorização da segurança dos medicamentos à base de plantas nos sistemas de farmacovigilância.

Wu TT, Tsai CW, Yao HT, Lii CK, Chen HW, Wu YL. (2010). Efeitos supressivos dos extractos da parte aérea de Coriandrum sativum L. nas respostas inflamatórias induzidas por LPS em macrófagos murinos RAW 264.7. J Sci Food Agric; **90**:1846-54

Yadav, N. P., Luqman, S., Meher, J. G., e Sahu, A. K. (2012). Efeito de diferentes veículos farmacêuticos na ação antimicrobiana de óleos essenciais. *Planta Medica*, ***78*** (11): PF44.

Yap, P. S. X., Yiap, B. C., Ping, H. C., e Lim, S. H. E. (2014). Óleos essenciais, um novo horizonte no combate à resistência bacteriana aos antibióticos. *A revista aberta de microbiologia*, ***8*** (1).

Yeung, E. C., e Bowra, S. (2011). Desenvolvimento do embrião e do endosperma em coentros (Coriandrum sativum). *Botânica*, ***89***(4): 263-273.

Zardini, H. Z., Tolueinia, B., Momeni, Z., Hasani, Z., e Hasani, M. (2012).Análise da atividade antibacteriana e antifúngica de extractos brutos de sementes de Coriandrum sativum. *Gomal Journal of Medical Sciences*, ***10***(2).

Zare-Shehneh, M., Askarfarashah, M., Ebrahimi, L., Kor, N. M., Zare-Zardini, H., Soltaninejad, H.e Jabinian, F. (2014). Atividades biológicas de um novo peptídeo antimicrobiano de Coriandrum sativum. *Int J Biosci*, ***4***(6): 89-99.

Zimmerman, H. J. (1999).*Hepatotoxicity: the adverse effects of drugs and other chemicals on the liver*. Lippincott Williams e Wilkins.

MIX
Papier aus verantwortungsvollen Quellen
Paper from responsible sources
FSC® C105338

Printed by Books on Demand GmbH, Norderstedt / Germany